新潮文庫

新しい生物学の教科書

池田清彦著

文庫版に寄せて

科学リテラシーを身に付けると、もっと生活が面白くなる

科学リテラシーの重要性が叫ばれるようになって久しい。中には、そんなコトバは知らねえぞという人もいるかもしれない。リテラシーとは読み書き能力のことであるから、科学リテラシーとは、科学を理解する基本的な能力のことであろう。

もちろん、そんなものは身に付けてなくとも生きるに困らない、と豪語する人もいるに違いない。世の中、お金とケータイさえあれば充分に生きていける。そう思っている人は多い。実際その通りであるから、そう言われれば返す言葉はない。科学リテラシーなんぞ身に付けても、別に金がもうかるわけではない。ケータイの操作は、バカでもできる。

一番楽な生き方は、何でも他人の言うことを聞いて自分で考えないことであろう。病気になって病院に行く。医者の言うことを素直に聞いて、全部医者まかせにする。

それで死んでも文句を言わなければ、それはそれで立派な生き方だと言う他はない。しかし、具合が悪くなった時は、他人のせいだと言って文句をつけるとすれば、それは間違っていると私は思う。自分で決定できなかったのだから、今さら文句を言っても、手遅れだ。

たとえば、がんを宣告されたとしよう。様々な治療法の中から、自分にとって最適と思うやり方を選ばなければならない。何人かの医者に聞けば、言うことは少しずつ異なるだろう。最後は自分で決めるしかない。そこで、科学リテラシーという話になる。考える筋道がわからなければ、何をどう決めてよいかわかるわけがない。

がんを宣告されるといった人生の一大事じゃなくても、人生は選択の連続である。その際に何ほどかの科学リテラシーを身に付けているかいないかでは、選択の幅が違う。そういう意味では科学リテラシーは役に立つ。

ところで、科学リテラシーの中でもとりわけわれわれの生活に関係が深いのは、生物学の分野であろう。生物学分野の科学リテラシーを身に付ければ、役に立つばかりでなく、日々の生活が面白くなる。新聞や雑誌には、クローン技術、免疫療法、再生治療、遺伝子治療といった話から、SARS、鳥インフルエンザ、BSE（狂牛病）、あるいは生物多様性、外来種、最古のヒト化石といった話題が絶え間なく出てくる。

科学リテラシーを身に付けていれば、これらの話題をより興味深く読むことができる。

　それでは何をもって科学リテラシーと言うのだろう。学問の世界は日進月歩で、次々と新知見が追加されている。専門家といえども、すべてを知っている人などはいないのだ。それに、新知見と言われて報道されても、後でウソだとわかる事も多いしね。大事なのは個々のコマ切れの知識ではなく、基本的な考え方だ。学問の原理と言ってもよい。

　本書は、生物学のほぼ全分野にわたって、現代生物学を理解するのに必要な基礎的な考えを述べたものだ。何が確定的にわかっている事で、何が不明で、何が論争点なのかがわかるように書いたつもりだ。

　先に学問の世界は日進月歩だと書いた。本書に収めたエッセイを、科学雑誌「サイアス」に連載しはじめた時から数えて五年の歳月が流れ、内容が古くなったのではないかと心配したが、読み返してみて、修正する必要をほとんど感じなかった。ということは、本書の記述内容は、当分は通用するということだ。単行本の「はじめに」で、二日もあれば本書を読了できるだろうと書いて、何人かの読者からお叱《しか》りの言葉を頂いた。二日云々《うんぬん》の話は取り下げてもよいが、熟読玩味《がんみ》すれば、あなたの科学リテラシーが格段に向上することは保証しよう。バカの方が幸せってことはあるから、不幸になっても責任はとらないけどね。

二〇〇四年六月

池田清彦

新しい生物学の教科書＊目次　Contents

新しい生物学の教科書

はじめに

この本はこれ一冊読めば現代生物学の諸領域がほぼわかる、ことを目的に書かれたものである。

科学の最前線は日々動いている。私が大学に入った頃は、朝永《ともなが》振一郎がノーベル物理学賞をとった直後であり、科学の女王は依然として理論物理学というおもむきであった。それから三〇年以上の歳月が流れ、科学の最前線は今や完全に生物学に移った。毎週発行されるイギリスの科学雑誌『ネイチャー』の記事の半分くらいは生物学関連のものである。

巷《ちまた》にも生物学関連の用語が溢《あふ》れている。ゲノム、クローン、利己的遺伝子、生物多様性、遺伝子治療、その他その他。専門家でない多くの人は、それらの語が意味することを正確にはわからず、雰囲気だけで理解しているのではないかと思う。専門家が一般向けに書く本にも良書は多いが、話題は深いが狭いことが多く、一冊で現代生物学の概要がわかるといったものはほとんどない。そうかといって市販の教科書は無味乾燥で面白くない。

現代物理学の最先端の理論は、直接あなたの生活には関係ない。宇宙の始まりがどうであろうと、物質の最小単位が何であろうと、あなたの日々の暮らしがそのことによって左右されることはないからだ。しかし、現代生物学が日々解明している知識は、近い将来あなたの生活を変えるかもしれない。遺伝子治療を受けるべきかどうか。遺伝子組み換え作物を食べるべきかどうか。人間が生命や生態系を操作するのはどこまで許されるのか。生物学の進歩によって不可避に生じてくるであろうこういった種類の難問に対して、いずれあなたも諾否の決断をせまられるようになるに違いない。

科学技術の応用の可否を専門家だけにまかせておく時代は、もはや過去のものになりつつある。あなたがどうしたいかはあなたが決めなければならないし、そのためにはどんな社会システムが必要なのかもまた、専門家だけにまかせておくわけにはいかない。専門家は一般の人々の利益よりも専門家集団の利益を優先しがちだからだ。とは言っても、ある程度の知識がなければ、判断しようにもどう判断してよいかわからないだろう。

生物学の正確な知識を沢山もっていればいるだけよいにきまっているけれど、一般の人には何冊もの専門書や解説書を読む時間的余裕はない。本書は、これ一冊で今最もホットな生物学の分野と話題が大体わかる、ことを念頭に書かれている。従って扱った話題は分子生物学、遺伝学、発生学、進化学、生態学、分類学、免疫学、人類学など多岐にわたっている。本書をひと通り読めば、現代生物学の水準がわかるはずである。もちろん、本書に述べてあるのは基礎的知識と考え方だけであって、いざとなった時にどうすればよいかは書いてない。しかし、本書を読了すれば、マスコミをにぎわす生物関連の情報はほぼ正確に理解できるはずである。それをもとに、それらの情報にどう対処するかは自分で考えるより仕方がない。

元々本書は科学雑誌『サイアス』に一九九九年から二〇〇〇年にかけて連載したものであり、その時のタイトルは『教科書にない「生物学」』であった。高校の教科書が余りにも面白くないので、自分で面白い教科書を作ってみようと思ったのだ。検定教科書をいわばダシにしながら記述を進めているのはそのせいである。当初の目的は、高校の教科書では物足りない学生や理科の先生に、生物学の面白さを伝えることにあった。従って、生物学の知識をある程度お持ちで、さらに現代生物学の最先端を手っ取り早く知りたい、という諸氏には本書は断然おすすめである。

高校の生物の教科書を大体理解している人なら、本書を読了するのに半日はかかるまい。そうでない人でも二日もあれば何とかなるだろう。たった二日で、現代生物学の概要がわかってしまう本なんて、本書をおいて他にないと自負している。

第１章

種とは何か

高校生にはわからない

高校の教科書で「種」についての記述があるのは『生物II』である。手元にある8種類の教科書はいずれも、種について何らかの説明を与えていて、当然のことだが無視している教科書はなかった。「生物の進化と系統」と題する大枠の下で扱っているのが4教科書（数研出版、啓林館、実教出版、大日本図書）、進化と系統をひっくり返し、「生物の系統と進化」の下で1教科書（教育出版）、系統・分類を別立てにして、「生物の系統と分類」の下で2教科書（第一学習社、三省堂）、「分類と系統」の下で1教科書（東京書籍）であった。

現在のところ、最も一般的な種概念は、生物学的種概念（遺伝的隔離による種概念）である。[注1]マイアー（1963）によって提唱されたこの概念は、種とはその構成員が自然条件の下で自由に交配できる集団のことである、と定式化される。

8種類の教科書のうちで、これをはっきり述べてあったのは、4種類（啓林館、数研出版、大日本図書、実教出版）である。三省堂と教育出版は、種とは他の生物とははっきり区別できる特徴をもった集団であると定義し、他の種と遺伝的に隔離されていることは、種の定義ではなく、性質であると記しているように読めた。

教科書の記述は、悪文の見本のようなのが多くて閉口するが、比較的まともな日本語で、〈種とは何か〉を説明している啓林館と教育出版の教科書の記述を比較してみよう。

種はほぼ形態的に共通したつくりをもつ個体の集まりであり、同一の種内では、種を構成する個体は遺伝的に安定した一定の形態的、生理的、生態的特徴をもち、それによって他の種とは区別できる。種は、自然の状態で交配が行われ、次の世代へ形質を伝えていく繁殖集団である。また、種は不変のものではなく、その中にいろいろな変異を含み、時間とともに変化したり、新しい種となる種分化の可能性をもっている（啓林館・生物Ⅱ）

生物には、形態、発生、生活のしかたなどについて他の生物とははっきり区別できる共通の特徴をもった集団がある。これを種といい、生物を分類する基本単位である。自然環境では、一般に同じ種の個体間でのみ、たがいに交配して子孫を残すことができる（教育出版・生物Ⅱ）

高校生が読んだのでは、たぶんこの2つの記述の違いはよくわからないであろうが、前者は、種の定義として生物学的種概念をはっきり採用し、後者は定義ではなく派生的な性質として述べていることが、よく読めばわかるであろう。第一学習社の教科書は、種の定義については、三省堂や教育出版のと似ているが、生物学的種概念に全く言及していないところがおもしろい。

生物の種は、ある生物が形態・生殖・遺伝などの特徴から、他の生物と明らかに区別できるときに適用される分類上の基本単位である（第一学習社・生物Ⅱ）

いちばんユニークなのは東京書籍の教科書で、なんと種の定義が述べてない。「種とは何かを明らかにするためには、すべての種に共通な性質と、個々の種がもつ特性とを知る必要がある」と書いてあるだけである。

高校の教科書に見られるこのバラツキは、種が化学的物質のように、不変の同一性によってコードできる（言い当てられる）存在でもなければ、個体と個体との間の明示的な関係性によって厳密にコードできる集団でもないところからくる。物理学や化学であれば、そんなあいまいな概念はさっさと捨て、もっと厳密に定義できる存在を探して、それを研究対象とすればよいと考えるであろう。しかし、生物学には、そう簡単にはいかないややこしい事情がある。ひとつには種は分類学や生態学や生理学を遂行する上での基本単位としてあまりにも深く現行の生物学の体系に組み込まれてしまっているので、簡単には見捨てるわけにはいかないことにあり、もうひとつは、生物に見られるなんらかの階級が存在論的に実在するかどうかがアプリオリにわからないことにある。

そもそも、生物は進化するということがわかる以前は、種は不変であると考えられていた。分類学の祖といわれる[注2]リンネの[注3]階層分類体系は、種は不変で変化しないとの前提の下で構想されたものだ。種が不変の同一性を保っているのであれば、種の同一性をコードするなんらかの本質を見つけ出し、それによって種を定義すれば、種は化学物質と同じようになんのあいまいさを残すことなしに厳密に定義できるはずである。

しかし、幸か不幸か生物は進化する。すべての生物が単系統（たったひとつの生物種から派生した）かどうかには疑問が残るにしても、38億年の昔までさかのぼれば、極めて多数の生物が親類関係にあったことは間違いあるまい。生物は徐々にあるいは急激に変化して異なった生物になる（進化する）のである。われわれは、歴史をたどれば連続的になってしまうこれらの生物を、いくつかの離散的な集団として認知し、その基本単位を種という名で呼ぶ。したがって、種は何よりもまず人間の認識論的な概念であって、本来は存在論的な概念でも客観的な概念でもないのだ。われわれはカブトムシとオオクワガタ、あるいはスズメとメジロを別の種として認知するが、その際、これらの2種の間の存在論的相違について明晰《めいせき》であるわけではない。

しかし、科学はものの区分けに関して多少とも存在論的根拠を求めるかあるいは少なくとも客観的な根拠を求める営為であり、これを示さなければ、科学とは言えないと信じられてきた。スズメとメジロの違いは一目瞭然《りょうぜん》で説明するまでもない、というのでは科学にならぬ。したがって種に関しても、その定義についてさまざまな科学的根拠が提出されてきた。それがわれわれのナイーブな認識論的種と齟齬《そご》をきたさなければ、それはとてもよい種の定義と言えるはずだ。しかし、種を科学的に厳密に定義しようとの試みは、多くの場合、認識論的種と必ずしも完璧《かんぺき》に合致するわけではない。そこで話はややこしくなる。

一般的な感覚とは合致しない？

生物学的種概念は、有性生殖をするほとんどの生物においては、われわれのナイーブな感覚とよく合致する。[注4] しかし問題がいくつかある。この種概念は基本的には、遺伝子交換が可能な閉鎖群をもって種とする、と考えるため、無性生殖をする生物が扱えなくなることがひとつ。[注5] 無性生殖生物については別の種概念を考える必要がある。もうひとつは、形態や生活様式がはっきりと異なる生物集団であるのに、雑種が生じて遺伝子の交流が起きるものがあることである。これは、ウマとロバの間にラバができるといった話とは違う。ラバには生殖能力はなく、ウマの集団とロバの集団で、遺伝子交換が起きることはなく、ラバの存在は生物学的種概念に抵触しない。

テムプルトン（1989）によれば、アカガシワとクロガシワは同じ森の中で雑種をつくり、一部戻し交配が起こって遺伝子交換をするが、決して融合することはなく、はっきり区別できる2つの集団に保たれているという。生物学的種概念を厳密に適用すると、アカガシワとクロガシワは同一種ということになるが、これはわれわれのナイーブな感覚に反する。テムプルトンは、北米のオオカミとコヨーテの間でも同様なことが起こり、少なくとも50万年以上、この状態で共存しているという。霊長類のヒヒ属ではさらに著しく、菅原和孝《すがわらかずよし》（１９９０）によれば、マントヒヒとアヌビスヒヒ、アヌビスヒヒとキイロヒヒ、キイロヒヒとチャクマヒヒの間で、それぞれ雑種ができるという。別属のゲラダヒヒとアヌビスヒヒの間にすら雑種らしき個体が観察されているという。馬渡峻輔《まわたりしゅんすけ》（１９９４）はマントヒヒとアヌビスヒヒは亜種レベルの種内変異と考えたほうがよいと述べているが、この２つの集団は形態も生活様式も異なり、われわれのナイーブな感覚からすれば、明らかに別種である。

なぜ、こういうことになるかというと、生物学的種概念は、遺伝子の交換が起きるか起きないかといった操作的あるいは事後的概念であって、存在論的意味合いが稀薄《きはく》な概念だからである。そこで、遺伝子の交換を妨げている実際のメカニズムを実定し、これによって種を定義しようと考えたのが、たとえば、配偶者認知システムによる種概念である（パタスン、１９８５）。単純に言えば、互いに同じ種であると認知し、交配を遂行できるメカニズムをもつ集団をもって種とする、という考えである。別の言い方をすれば、交尾前隔離機構をもって種の定義とするということである。

隔離機構には交尾後隔離機構もあり、これは交尾が成立しても、この交尾を起点としては遺伝子が未来に伝わらないなんらかのメカニズムのことである。この中で最も重要なのは、雑種においては、父親由来の染色体と母親由来の染色体は、数や形が違うため、減数分裂の際の対合（相同染色体がぴったりと合わさること）が起きず、結果的に機能的な配偶子（卵や精子）がつくられないことである。もし、種になんらかの存在論的根拠があるならば、交尾後隔離機構の少なくとも一部は、細胞内における種の基本システムの違いにより生じているとも考えられ、事は極めて重大であるが、これについては減数分裂も含め、章をあらためて論じたい。

進化的運命共同体ではありえない

さて、話を元に戻す。さまざまな不都合があるとはいえ、生物学的種概念のような操作的種概念が、配偶者認知システムといった実定的種概念よりも一般に受け入れられているのは、種を進化の基本単位とみなしたいというところからくる。もし、今日の正統的な進化論（ネオダーウィニズム）が主張するように、進化が遺伝子の突然変異と自然選択によって起こるならば（私自身はそういう考えに反対である）、実質的に遺伝子交換が可能な閉鎖群は進化における運命共同体となるはずだ。なぜならばネオダーウィニストが主張する進化とは、通常、有性生殖プロセスを通じてある遺伝子が実質的な閉鎖群の中で多数になったり、少数になったり、絶滅したりすることにほかならないからだ。しかし、遺伝子交換が可能な閉鎖群が必ずしもすべて同一の進化的運命共同体になるわけではない。

先ほどのアカガシワとクロガシワについて考えてみる。もし、この2集団が遺伝子の交換をすることによって融合するならば、この2集団は進化的には運命共同体だと考えてよい。この場合は生物学的種と進化的運命共同体は重なる。しかるにもし、この2集団がいずれ雑種をつくらなくなるか、雑種をつくり続けて遺伝子の交換をしながらも独自性を保ち続けるのであれば、生物学的種と進化的運命共同体は異なるものとなる。

これについては、別のやっかいな問題がある。秋元信一（1988）によれば、ホッキョクグマは、もっとも北方に進出したヒグマの個体群から2万年程前に分化して生じたという。図Aをみていただきたい。系統的には、ヒグマEはヒグマAよりもホッキョクグマFに近縁である。A〜Fは、さしあたってそれぞれ別の進化的運命共同体とみなしてよい。これはもちろん生物学的種とは重ならない。系統関係を重視して、しかも生物学的種と系統が異なるというジレンマを解決するやり方は2つある。ひとつは、ヒグマとホッキョクグマを同一種にしてしまうやり方。もうひとつはA〜Fの

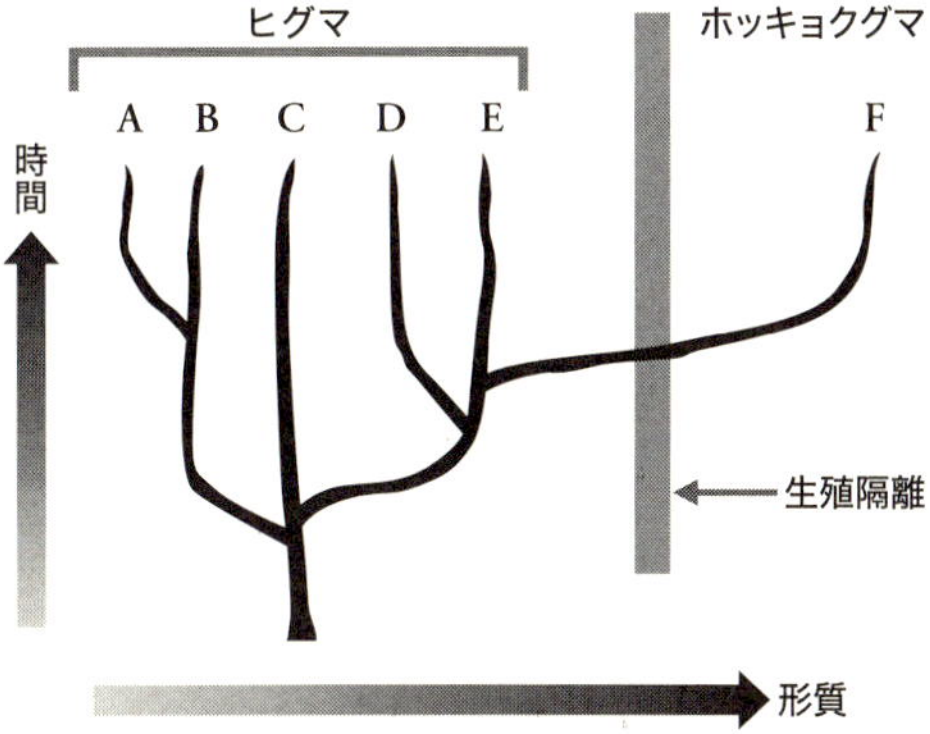

図A

ヒグマのいくつかの個体群とホッキョクグマの、進化における類縁関係（秋元1988を改変）

図B

テムプルトンによる2つの集団を同種か別種かに分ける基準＝VRBA（1995）を改変

基本ニッチ（基本形態や生活様式）	遺伝的隔離なし	遺伝的隔離あり
同一	同種	無性種　同種
		有性種　別種
異なる	別種	別種

進化的運命共同体をそれぞれ別種とみなすやり方である（クレイクラフト、1993）。

生物自体があいまいなのだ

しかし、このどちらにしても、ここからはそもそも種は人間の認識論的概念であるとの観点が抜け落ちてしまっている。もちろん、客観的に種が定義できれば、それでよいではないかと考える人もいるだろう。たとえばA～Fの進化的運命共同体が未来にわたって他と融合せず、分岐をするだけか、絶滅するだけであるならば、これをもって種とするとの定義は一応つじつまは合う。しかし、進化的運命共同体が独自の進化をとげて、どこからも文句の出ない独立種になるか、それとも他の集団と融合してしまうかは、そのときになってみなければわからないのである。

さらに遺伝的隔離により区別される集団でさえ、隔離機構がなんらかの変異により消失してしまい、近縁の種と融合してしまうことは十分考えられる。もちろん、種あるいはそれより上位の階級において、さしあたって不変のシステムが構想できれば、これをもって生物の基本単位であると考えることはできるし、ここで詳しく述べる紙幅はないが、私が主張する構造主義生物学は、基本的にはそのような構想を擁護する。しかし、いずれにせよ、われわれがナイーブに認知する種は、厳密な存在論的根拠をもっていないことは確かなようだ。テムプルトンの提唱する結合的種概念（Cohesion Concept）は厳密さや単純さを犠牲にして、われわれのナイーブな感覚に合わせようとの努力であるといえる（図B）。テムプルトンは基本ニッチと遺伝的隔離の2つの指標に注目し、その組み合わせで種を定義しようと考えた。[注6]

基本ニッチの異なるものは、遺伝的隔離のあるなしにかかわらず別種であり、基本ニッチが同一のものは、有性種で遺伝的隔離があるものだけが別種で、残りは同種である。この定義に従えば、基本ニッチが同じ無性種は同種であり、アカガシワとクロガシワは別種、ヒグマとホッキョクグマも別種であるが、系統の異なるヒグマどうしは同種になる。ずいぶんとあいまいな定義だが、ある意味ではやむをえない。定義のあいまいさは、生物のあいまいさの反映なのである。

1．Mayr, Ernst（1904〜）アメリカの生物学者。ネオダーウィニズムを代表する進化論者。
2．Linné, Carl von（1707〜1778）スウェーデンの博物学者、医師。著書『自然の体系（Systema Naturae Fundamenta Botanica）』がよく知られている。

3．種をいくつかまとめて属、属をいくつかまとめて族といったように低次分類群の集合として順次分類群を設定していく分類体系。主要な分類群のランクを上から記すと、界、門、綱、目、科、族、属、種となる。この分類体系の下では、ひとつの低次分類群の生物が同時に2つ以上の高次分類群に入ることはない。

4．&5．2つの個体が遺伝子を交換して子孫を作ることを有性生殖、1つの個体の遺伝子だけが子孫に伝わる場合を無性生殖という。

6．ここでは生物の基本的な生活様式のことを意味している（第15章参照）。

summary　第１章のまとめ

【種とは何か】

われわれは自然の中に、形態や生活様式によって、他の生物集団からははっきりと区別できる生物集団を認識することができる。これは種と呼ばれる。ニューギニアのアルファク山脈において、現地の狩人と生物学的訓練を受けたヨーロッパの科学者が認識した鳥の種は、ほとんど全く同じだったことから考えて、種が認識できるのは、人間の基本的な能力であることがわかる。

もちろん種は人間の勝手な想像による架空の産物ではなく、多少とも自然界に根拠をもつ存在である。多少ともと書いたのは、厳密には生物は系統をさかのぼれば連続的な存在であるからだ。連続的なものが進化の結果、不連続なものとしてわれわれに認識可能になったものが、現在見られる種であると考えられる。

はっきりと不連続になった集団は、形態、生理、発生、生態等々が違うことに加え、有性生物であれば、遺伝的に他の集団から隔離されるので、遺伝的隔離という明確な種の定義を採用することができる。しかし、不連続になりつつある集団や、いったん不連続になりかけたものの再び融合しつつある集団に関しては、厳密な定義を下すことはできない。種に対して厳密な定義を下せないのは、種が進化することの必然の結果なのである。

もしかしたら将来の科学者は、共通の生物学的システムといった、何らかの確固とした根拠に裏づけられた、生物のグルーピング法を見出《みいだ》すかもしれない。しかし、それが現在われわれが認識している種と、一致するかどうかは定かではない。

第2章

遺伝と変異

遺伝と変異は高校の教科書ではとても大きな取り扱いを受けている分野である。『生物IB』の1割強はこの分野の解説に費やされている。参照できた7種の文部省検定教科書は、すべて「遺伝と変異」と題する大枠の下でこの問題を取り扱っている。中身はほとんど大同小異で、(1)メンデルの遺伝の法則[注1]、(2)連鎖と組み換えと染色体地図、(3)性染色体と伴性遺伝、(4)遺伝子の本体、(5)変異、の5項目について金太郎飴《あめ》のような解説が並んでいる。

最も気になるのは、遺伝現象を遺伝子という情報の世代間伝達と同値していることである。DNAの複製という現象と、遺伝子が形質と対応しているという現象が、ともにあまりにも見事であったため、遺伝とはDNAの伝達のことであるとの錯覚にほとんどの生物学者はとらわれているらしい。遺伝現象と遺伝子の伝達現象は全くレベルの異なる話であり、そのことは虚心に考えてみれば当たり前なのであるが、パラダイム[注2]にとらわれていると、人はときに当たり前のことを考えられなくなるのかもしれない。

ヒトの子がヒトになるのは、ヒトになるための情報が親から子に伝えられるためである。これが遺伝とよばれる現象であり、その情報をになうのが遺伝子である。では、両親の性質はどのようなしくみで子に伝えられるのであろうか。また、遺伝子はどのような物質でできているのであろうか（実教出版・生物ＩＢ）

親子や兄弟姉妹は、たがいによく似ている。このような現象がみられるのは、親から子へと遺伝子が伝えられるからである。

この編では、遺伝子はどのような法則によって、親から子へと伝えられるのか、また、その法則はどのような実験によって明らかにされたのか、さらに、遺伝子とは、いったいどのような物質なのかを学ぼう（東京書籍・生物ＩＢ）

ここに挙げたふたつはいずれも、「遺伝と変異」という項目の冒頭の文章である。遺伝現象について考えさせたうえで、その仕組みを探究しようという姿勢はまるでなく、遺伝子による情報伝達が遺伝現象の本質であるとの結論がまず与えられ、それ以外の素朴であったり、独創的であったりする考えはあらかじめ排除させるつもりらしい。三省堂、大日本図書の教科書も同じタイプ。啓林館、数研出版、第一学習社のものは、遺伝現象についてのほぼ正しい説明があり、その仕組みとして遺伝子概念をもちだすという流れになっている。結論はいずれにしても同じと言えば同じなのだが、考えるプロセスをとばしてしまえば、科学といえども宗教のご託宣と選ぶところがなくなってしまう。

生物は、それぞれに特有なからだの形や性質をもっている。このような生物の形質は、親から子に伝えられる。親の形質が子やそれ以後の子孫に現れる現象を遺伝という。

生物の形質は、どのようにして遺伝するのだろうか。また、そのしくみはどのようにして明らかにされたのだろうか（第一学習社・生物ⅠB）

これは第一学習社の「遺伝と変異」の章の冒頭の文章である。なにはともあれ、まずはこう書き出すのがスジではないか。啓林館の教科書も、「生物が、自分とよく似た子孫をつくるのは、親の形質が配偶子を通して子どもに伝わるからである」という記述からはじまっている。数研出版のは最も簡明に、「親の形質が子に伝わることを遺伝という。遺伝のしくみはどのようになっているのだろうか」と書いたあと、いきなりメンデルの話に入っている。

前成説は正しかった？

なぜ遺伝という現象が起こるかについて、メンデル以前の人々も当然のことながら、さまざまな仮説を考えていた。私見によれば最も合理的な説明を与えていたのは前成説である。極端な前成説は「いれこ説」と呼ばれ、18世紀におけるその主唱者はシャルル・ボネであった。[注3]ボネは卵の中にホムンクルス（成体のミニチュア、もっともボ[注4]ネはホムンクルスの中の器官の大きさや位置は成体のそれの単なる比例縮小版ではない、と考えていた）が入っており、その中に卵が、その卵の中にホムンクルスがという「無限いれこ説」を考えて、遺伝と発生という生物学上のふたつの難問に一挙に答えようとしたのである。

ボネの「いれこ説」は今ではバカげた冗談のようにしか思われないであろうが、S・J・グールドは大著『個体発生と系統発生』（工作舎）の中で、細胞という考え[注5]も、原子という考えもなかった時代において、「いれこ説」はそれなりに合理的な考えであったと評価している。当時、前成説と対立していたのは後成説で、形はあらかじめあるわけではなく、発生に従ってつくられてくると主張したが、その理由についでは答えることができなかった。

現代的な観点からすれば、前成説は形ができるためには、あらかじめ何かが存在する必要があると考えた点で正しかったが、形そのものが存在しなければならないと考えた点で間違っていたといえる。現代遺伝学は、あらかじめ存在するのは形のミニチュアではなく、情報だと考えることによって、遺伝と発生に合理的な説明を与えたのである。情報はさしあたって不変であり、これが細胞に作用して形質をつくらせるとの考えは、古くプラトンのイデア論[注6]と同型である。イデアは不変の形相で質料に作用して形をつくらせると考えられていたのであるから。

前成説と後成説の対立について述べてある教科書は7つのうち4つ（東京書籍、実教出版、数研出版、第一学習社）であり、いずれも「発生のしくみ」の項目の下で、後成説が基本的に勝利を収めたと書いてある。しかし残念ながら、このふたつの学説が遺伝現象にも関係するものであることを示唆《しさ》した記述はない。情報は卵の中にあらかじめあると考えれば、前成説はむしろ正しかったと言うべきである、といった記述もない。

情報は確かに遺伝するし、遺伝情報を担《にな》うのはDNAである、というのはその限りにおいては正しい。現代遺伝学はメンデル以来、遺伝情報の伝達とその発現について大量のデータを集積してきた。高校の教科書に載っているのはそのうちのごく基本的な知識である。教科書を読めば、遺伝現象についての概略は理解できるだろうと、読むほうはともかく、書くほうは思っているに違いない。しかし、そうは問屋がおろさないのではないかと私は思う。

DNAを生むわけではない

それは、情報が発現されるためには、情報を解釈する解釈系の存在が不可欠であるが、教科書はそれについて一言半句も書いてないからである。遺伝子は形質と対応する。その対応関係は一対一であったり、多対一であったりするが、この対応関係を保証しているのは遺伝子の情報を解釈して形質を発現させる細胞内の複雑なシステムである。遺伝子は単独では形質をつくることはできない。遺伝子が形質をつくるためには必ず生きた細胞が必要である。目をつくる（と言われている）遺伝子を試験管の中に放り込んでおいても、目は決してできないのである。だから、形質を現すもとになり、親から子へと伝えられるものを遺伝子といい、今日では、これがDNAという物質であることがわかっている（三省堂・生物IB）

という記述は必ずしも正確ではないのである。

生物が子孫に伝える最小単位は、細胞であって遺伝子やDNAではない。動物は卵や子ども（もとはひとつの受精卵だった）を生むのであって、DNAを生む生物はいない。従って真に遺伝されるものは細胞、真に遺伝されることは生きている形式（生命システム）である。このシステムはDNAの情報を解釈して個体をつくり形質を発現させる。DNAは遺伝されるものの一部でしかなく、DNAが担う情報は遺伝されることの一部にすぎない。

もし、生命システムがすべての生物で同じならば、個々の生物の形質の違いを決める最終決定権は結局はDNAに帰し、遺伝現象はDNAに還元できる、と思われる人がいるかもしれない。しかし、どうやらそうではないらしい。脊椎《せきつい》動物の目の形成に関与する親玉遺伝子はパックス6遺伝子といい、ショウジョウバエの目の形成に関与する親玉遺伝子（アイレス遺伝子という）と相同（DNAの塩基配列がほぼ同じ）である。ほぼ同じ遺伝子が脊椎動物ではレンズ眼をつくり、ショウジョウバエでは複眼をつくるのだ。パックス6遺伝子をショウジョウバエに入れて、脚などに強制的に目をつくらせると複眼ができることからも、脊椎動物とショウジョウバエの、遺伝子の解釈システムは異なっていることが示唆される。

ところで、解釈系によって受け入れられる情報は、何もDNAの遺伝情報とばかりは限らない。たとえば、遺伝子は正常なのに、胚《はい》を特殊な環境にさらすことによって、遺伝子に異常が起きたのと同じ表現型をつくることができる。これを表現型模写といぅ。ショウジョウバエの幼虫や蛹《さなぎ》を35〜37度に短期間さらすと、翅《はね》の横脈が欠失する表現型模写が現れる。この場合、この範囲の温度が変異遺伝子からの情報と同じに解釈されたわけである。

このように考えると、DNAによって担われている情報と、環境からの情報を、同一の枠組みの下で説明することができる。どちらの情報も、細胞内部にこの情報を受容するシステムがなければ、そもそも情報として機能しない。システムを破壊する情報は、DNAによって担われている場合は致死遺伝子[注7]となり、環境からくる場合は致死性の環境因子ということになろう。DNAは細胞内部にくりつけの情報であり、DNAの複製を通して遺伝される。

高校の教科書には例外なく「変異」が扱われており、突然変異と環境変異のふたつが対立概念として取り上げられている。前者は遺伝する変異であり、後者は遺伝しない変異である。遺伝しない環境変異はどの教科書でも例外なく、連続的な正規分布をもつ変異として扱われている。しかし、正規分布になるような環境変異は、環境からの情報を細胞が受容して、形質発現させたものと考えるよりも、むしろランダムなゆらぎによるものと考えたほうがよく、システムに作用する情報という観点からは突然変異と対になるようなものではない。

システムの一部でしかない

本当の意味で突然変異に比肩《ひけん》できる環境変異は、たとえば睡眠薬サリドマイドによるアザラシ肢症[注8]の発現であり、最近問題となっている内分泌攪乱《かくらん》物質[注9]（環境ホルモン）の暴露によるさまざまな不可逆的な形質異常であろう。母親の体内に存在するこれらの物質は、胎児の形質発現システムに作用して、さまざまな異常形質を発現させる。ここでたとえば、サリドマイドはアザラシ肢症の原因であるという言い方ももちろん可能であるが、サリドマイドが単独でアザラシ肢症をつくっているわけではないことは明らかである。したがってアザラシ肢症の原因のすべてがサリドマイドにあるわけではない。

細胞内にくくりつけの情報ではあっても、遺伝子もシステムに作用して形質発現をさせるという点では、情報の本質としては環境変異と変わりはない。したがって、遺伝子もまた形質の原因のすべてではない。細胞に本来そなわっているシステムに、遺伝情報と環境情報がともに作用して、個体の形質がつくられるのである。第一義的に遺伝されるのはこのシステムで、これに付随してくくりつけの情報である遺伝子も遺伝されるのである。アザラシ肢症も環境ホルモンによるさまざまな異常形質も、実はシステムに許容される範囲内の変異であるからこそ発現されるのであり、許容される範囲を決めているのは、個々の遺伝子や個々の環境因子ではなく、システムの特性なのである。

個々の遺伝子や環境因子は、システムによって実現可能な形質群のうちからひとつを選んで、それを固定する働きをしていると考えるべきであろう。このような観点からは、発生期（胎児期）における環境因子は遺伝情報と同じように重要である。

たとえば、最近、ヒトのＩＱ（知能指数）の決定に関して、遺伝因子の貢献度が以前考えられていたほどには高くなく、遺伝因子と環境因子の貢献度はほぼ同じであるとの議論がなされている。環境因子の中では特に子宮内環境の貢献度が高く、全体の

20％と推定されている（双生児といった同一の子宮内環境におけるＩＱの類似度はその影響のみで20％）。また、同一の母親の異なる時期の子宮内環境における兄弟姉妹の類似度は5％と推定されている（デヴリンら、１９９７）。この報告が正しいとするならば、一卵性[注10]双生児のＩＱ類似度は70％、二卵性双生児のそれは45％（兄弟姉妹の遺伝因子の共有率は50％の確率なので、遺伝因子の貢献度の類似度は半分の25％、それに子宮内環境における類似度20％を合わせて45％となる）、育ての親が異なるクローンがもしできたとして、その類似度は50％となる。

高校の教科書では、遺伝的な変異（突然変異）と環境変異を全く別のレベルの変異として分けているが、ＩＱの例でもわかるように、むしろ、同じ形質が遺伝因子と環境因子の両方の作用を受けて発現するのが基本で、どちらかの因子のみの支配を受けているのは特殊なのかもしれない。いまのところ、形質発現システム（解釈系）については具体的なことはよくわかっておらず、教科書にはよくわかっている遺伝情報系についてしか書かれていないのはある意味ではやむを得ない。

しかし、だからといって、遺伝現象がすべて遺伝子に還元できるかのような記述は明らかに間違いであろう。遺伝の本質が生命という形式自体の伝達にあることは、原理的にはっきりしているからである。

1. Mendel, Gregor Johann（1822～1884）オーストリアの実験生物学者。大学卒業後にブルノの修道院に入り、エンドウの系統に関する継続的な研究を行った。
2. ある学問分野が前提としている理論の枠組みのこと。
3. 発生が始まる時点で、すでに成体のすべての形態や構造が完全に形成されているという学説。
4. Bonnet, Charles（1720～1793）スイスの博物学者。
5. Gould, Stephen Jay（1941～2002）アメリカの古生物学者。長期の安定と短期の急速な変化により種は進化するという断続平衡説を発表。
6. プラトン哲学の中心概念。個々の事物をそのものたらしめている根拠である真の実在。
7. 発生途上で個体を死に至らしめる遺伝子。
8. 妊娠初期に強いつわり（妊娠悪阻《おそ》）に対して用いられた「サリドマイド」の副作用として発生した欠肢症。例えば、胎児の右手が羊膜に突っ込んだ状態に固定され、右手首から先が欠損したり、指の分離が出来ない変形した状態で生まれたりするという先天性の四肢障害。
9. 本来のホルモンによく似た化学構造を持つ化学物質。生物の受容体たんぱく質は本物と見分けることができず、ホルモンが与えられたのと同じように細胞内の情報伝達が働いてしまう。
10. ひとつの受精卵が卵割の際に完全に分離してしまうことから生じる、遺伝的に同一な2つの細胞から発生した双生児のこと。

summary 第2章のまとめ

【遺伝と変異】

約38億年前に地球上に出現した生命は、以来めんめんと無生物には見られない、生物だけに見られる特徴を子孫に伝えてきた。親から子へは顔つきや背丈といった形質が遺伝されるが、遺伝されるうちで最も重要なのは生きていることである。この生命システムとでも呼ぶべき性質を遺伝させる基本単位は細胞である。細胞が生命システムの最小の基本単位であることは、1個の細胞から、生物の最も高次の基本単位である個体がつくられることからも明らかである。

卵細胞の中の生命システムにさまざまな情報が作用して、個体の形質や機能が発現する。情報は大きく分けて2つあり、ひとつは遺伝情報、もうひとつは環境情報である。遺伝情報を担っているのは通常DNAであり、この情報はシステムにくくりつけの情報でありDNAの複製を通して子孫に遺伝する。一方、環境情報は外部からの偶有的な情報であり遺伝しない。

あるまとまった単位の遺伝情報を担うDNAは遺伝子と呼ばれ、生命システムや環境情報が同じならば、形質の違いは遺伝子の違いにより決定される。したがって、DNAに突然変異が起きて遺伝子が変化し、これが担っている遺伝情報が変化すると形質もまた変異する。突然変異はシステムにくくりつけの情報の変化によるものであり、これは遺伝する。薬物や温度などの環境因子によって起こされる変異は、一過性の環境情報による変異で遺伝しない。

実際の形質は、遺伝情報と環境情報がともにシステムに作用することによって発現する。発現可能な形質の範囲を決めているのはシステムであり、情報は可能性を限定し、形質を固定する作用をもつ。またシステムを破壊する情報は致死因子であり、これが遺伝子に生じれば致死遺伝子となる。最も大きな遺伝的変異はシステム自体の変化であるが、このメカニズムはまだ解明されていない。

第3章

減数分裂

減数分裂は数ある生物現象のなかでもとりわけ重要な現象である。したがって、高校の『生物ＩＢ』の教科書のほとんどが「生殖と発生」あるいは「生命の連続性」の大枠の下で、「減数分裂」という項目を設けている。

数研出版の教科書のみ「減数分裂」という項目が目次にないが、もちろん減数分裂を扱っていないわけではなく、「生殖細胞の形成と受精」の題の下で記述している。

【配偶子の染色体数】有性生殖では配偶子が接合するので、新個体の染色体数は2倍になるはずである。しかし、新個体の染色体数は親と変わらず、常に一定である。これは、配偶子や胞子などの生殖細胞が形成されるときには、減数分裂という染色体数が半減する特殊な細胞分裂が起こるからである。

【減数分裂が起こる時期】動物では、配偶子形成の過程で減数分裂が起こるが、植物では必ずしもそうではない。コケ植物やシダ植物などでは、胞子形成の過程で起こり、種子植物では、花粉形成と胚嚢《はいのう》形成に先立つ過程で起こる。

【減数分裂が起こる場所】減数分裂は、体細胞分裂とは異なり、個体の決まった場所でしか起こらない。動物では卵巣《らんそう》と精巣、コケ植物とシダ植物では胞子嚢の中で、種子植物では花芽の中の葯《やく》（この中で花粉形成が起こる）と胚珠（この中で胚嚢形成が起こる）でみられる。

【減数分裂の過程】減数分裂は、連続した2回の細胞分裂からなり、結局、4個の生殖細胞ができる。ふつう、第一分裂で染色体の減数が起こり、第二分裂では染色体数は変わらない（東京書籍・生物ⅠB）

参照した7つの教科書の中で、最もよくまとまっていてわかりやすかったのは右に挙げた東京書籍の記述であるが、他の社の教科書も程度の差はあれ内容的にはさして変わりはない。減数分裂は表面的な現象としてみれば、配偶子や配偶体を作るプロセスであり、有性生殖の一部分にすぎないようにみえるが、実は、メンデル型遺伝の根本原理であり、生物の多様性の基礎であり、遺伝子を修復する方法のひとつであり、種の安定性を支える装置でもある。

したがって、減数分裂は、メンデルの法則、遺伝子の組み換え、生物の多様性、種とは何か、といった広範囲の領域と深く関係しており、これらの諸領域との間の有機的な相関を記述しないと、生命現象の中で果たす減数分裂の重要性は簡単には理解できないであろう。残念ながら、その点に十分配慮している教科書はひとつもなかった。

遺伝的多様性の説明が不十分

メンデルが偉大だったのは、単に偶然、実験材料にめぐまれて遺伝の法則を発見したためばかりではない。染色体の役割も挙動も定かならぬときに、遺伝情報の伝達の本質が減数分裂にあることを理解していたのだ。メンデルの遺伝の法則の根拠が、減数分裂時における相同染色体の対合（平行に接着すること）と分離にあることを明らかにしたのはサットン[注1]であり、1902年のことである。

このことに言及しているのは実教出版、東京書籍、第一学習社の教科書であり、特に後2社の教科書は、メンデルの仮説とサットンの観察結果を比べて、メンデルの法則の意義を明らかにしている。ただし、このことが記述されているのは「減数分裂」の項ではなく、「遺伝子と染色体」の項であるが。

有性生殖に随伴する減数分裂の意義のひとつは、遺伝情報をかきまぜて、子孫の遺伝[注2]的多様性を増大させることにある。もし減数分裂が生じないで有性生殖が進行すれば、親の染色体数が2nだとすれば、子のそれは4n、孫は8n、曾孫は16nとなり、生物の細胞は遠からぬ将来、莫大《ばくだい》な染色体数ではち切れてしまう。上手に生きるためには、余分な情報を切り捨てる必要がある。

ただし、何が余分かは試してみなければわからない。そこで父方由来の染色体と母方由来の染色体を、減数分裂でランダムに組み合わせて配偶子を作るわけである。nが2の生物ならば組み合わせの数は2の2乗で4、nが3ならば2の3乗で8、性染色体を含めnが23のヒトでは組み合わせの数は2の23乗、すなわち約840万通りになる。このように莫大な種類の配偶子が合体して受精卵になり、情報の組み合わせが適切でなかったものは発生途上で死んでしまうわけだ。

有性生殖では、別個体の両親からつくられた配偶子の接合によって、遺伝子の新しい組み合わせがつくられる可能性がある。そのため、遺伝的に異なったさまざまな性質をもつ個体が生じやすい。このようなことから、生物の長い進化の歴史を考えると、有性生殖は、生物が環境の変化に適応して種族を維持していくうえで、大きな役割をもつものと考えられる（実教出版・生物ⅠB）

接合や受精によって新個体をつくる生殖を有性生殖といい、この場合異なる形質を

もつ両親の形質が伝えられるので、その組みあわせによって子孫に多様な形質の個体が生じることになる（数研出版・生物ⅠB）

前者と同じような記述をしているのは、他に啓林館、東京書籍、三省堂、後者と同様なのは第一学習社。大日本図書の教科書には有性生殖の意義のひとつとして遺伝的多様性が増大することに関する記述はない。すべての教科書に言えるのは、有性生殖の結果、生じる遺伝的多様性の直接的な原因は、減数分裂時における相同染色体のランダムな分配に起因することが、具体的にわかるように書いてないことだ。nが23のヒトでは減数分裂の結果、ひとりのヒトから生じる可能な配偶子の種類数が、遺伝子の組み換えが全くないと考えた場合でも、2の23乗通りあるぐらいのことは書いてもよさそうなものだ。

「対合」でかまわない

ところで、実教出版タイプの記述と数研出版タイプの記述はどこが違うのかと言えば、後者では有性生殖が結果として遺伝的多様性を増大させるという事実だけを述べているのに対し、前者では遺伝的多様性の増大が適応戦略として、無性生殖よりも有利であると明確に述べている点にある。

有性生殖がなぜ存在するのかという問いに対する現代進化論の最も一般的な答えは、遺伝的多様性の増大が進化戦略上有利であるというものだから(無性生殖では遺伝的多様性は増大しない)、前者はネオダーウィニズムの多数意見に忠実なわけだ。もちろん、反対意見もあり、そのひとつは、有性生殖は遺伝子を修復するゆえに進化上有利になったとするものであるが、そのことはどの教科書にも書いてない。

さて、相同染色体は通常減数第一分裂の前期に平行にぴったりと並び接着する。これを対合と呼ぶが、啓林館と三省堂の教科書には、対合という語が使われずに、接着という普通名詞が使われている。対合という語が難しいと思ったのかもしれないが、対合という専門用語があるのだから、やはりこの語を使うべきだろう。

第一分裂では対合の形成と呼応して、DNAの切断、キアズマ(第一分裂前期にみられる相同染色体同士のからみあい)形成、染色体の乗り換えや遺伝子変換、DNAの修復、対合複合体(S・C:Synaptonemal complex)の形成、分裂した2つの細胞への相同染色体の分配、等々が生起する。

これらの現象は、ほとんどの減数分裂では一連の過程であるが、例外的に、キイロショウジョウバエの雄の精子形成における減数分裂では、対合は起こるがS・Cもキアズマも形成されず、乗り換え（交叉《こうさ》）も起こらないにもかかわらず、分配は正常に遂行される。またカイコの卵母細胞では、対合もS・Cも形成されるが、キアズマは形成されず乗り換えも起こらず、分配は正常に行われる。したがってS・Cの形成、キアズマ形成、分配の3つの現象は、本来は独立の機構に支配されていると考えられる。しかし、通常の減数分裂では、これらの現象は一連のプロセスであり、どれかが欠けると減数分裂は失敗する。

対合は相同染色体の間で、対合開始点と呼ばれる領域から始まる。ヒト、マウス、カイコなどでは、染色体あたり1つか2つの開始点があり、対合はジッパーを閉じるように起こる。一方、ユリでは染色体あたり36点ぐらいあり、対合はあちこちで起こり、全体に広がる（堀田康雄ら、1994）。このようにして生じた対合は一次対合と呼ばれ、[注3]染色体間の距離は200ナノメートルほどである。この後、たんぱく質から成るS・Cが形成されて対合は完全となり、染色体間の距離は100〜130ナノメートルほどに縮まる。対合の最中に、染色体の乗り換え（交叉、遺伝子の組み換え）あるいは遺伝子変換が起こり、その結果としてキアズマが形成される。

詳しい説明は、高校レベルを超えており、遺伝子の組み換えを除いて、教科書では扱われていないが、性染色体は完全には相同でないのに、どうして減数分裂がうまく行われるか疑問をもつ生徒もいることだろう。

有性生殖は修復のため?

実はX染色体とY染色体の間にも相同部はあり、ここで対合が起こるのである。ヒトではXとYの相同部は短腕(染色体は動原体=セントロメアをはさんで左右に分かれ、長さが不等なものでは長いほうを長腕、短いほうを短腕と呼ぶ)の末端部にあり、ここで対合が起こり、首尾よく減数分裂が行われる。奇妙なことにヒトではY染色体のこの部位に、睾丸《こうがん》決定遺伝子があり、この遺伝子が機能した場合ヒトは雄になる。

当然のことながら、対合が起きた場所ではキアズマが形成され、遺伝子の組み換えが生じる可能性がある。睾丸決定遺伝子が乗り換えによってX染色体上に移動すれば、XXという性染色体をもった雄が出現する可能性が高い。実際、XX男性の出現頻度は6000人に1人ぐらいだという(フェルグソン=スミス、1966)。ただし、XXの原始生殖細胞は睾丸内で精原細胞に分化する途中で死滅し、この男性は生殖不能である。

遺伝子の組み換えは、すべての教科書において「遺伝と変異」の大枠の下で扱われている。遺伝子の組み換えは相同染色体の分配と並んで遺伝的多様性を増大させる主要な機構であるが、そのことにまともに言及している教科書はない。組み換えは遺伝子の修復を伴うことが普通であるが、そのことに言及した教科書もない。組み換えのモデルはいくつか提唱されているが、ここでは最も有力視されている二本鎖切断モデルを図示する（図C）。

相同染色体の片方の二本鎖DNAが切断され、修復され、遺伝子変換または乗り換え（交叉）が起こる。図ではグレイの部分が修復された染色体である。図の左上では乗り換えが起こっていないが、DNAのごく一部が相手のDNAによって置換される遺伝子変換が起こっている。

左下では染色体の乗り換えが起こっている。図に示した部分では可視的にはキアズマが形成されているが、以上のことからキアズマが形成されている所で、必ず乗り換えが起こっているわけではないらしい。ミコッドは『なぜオスとメスがあるのか』（新潮社、1997）で、二本鎖切断は損傷部分で起こり、有性生殖は遺伝子を修復するためだと論じており、遺伝的多様性を増大させるためだとする多数派と論争しているが、もちろん、そんな論争のことは教科書には書かれてない。

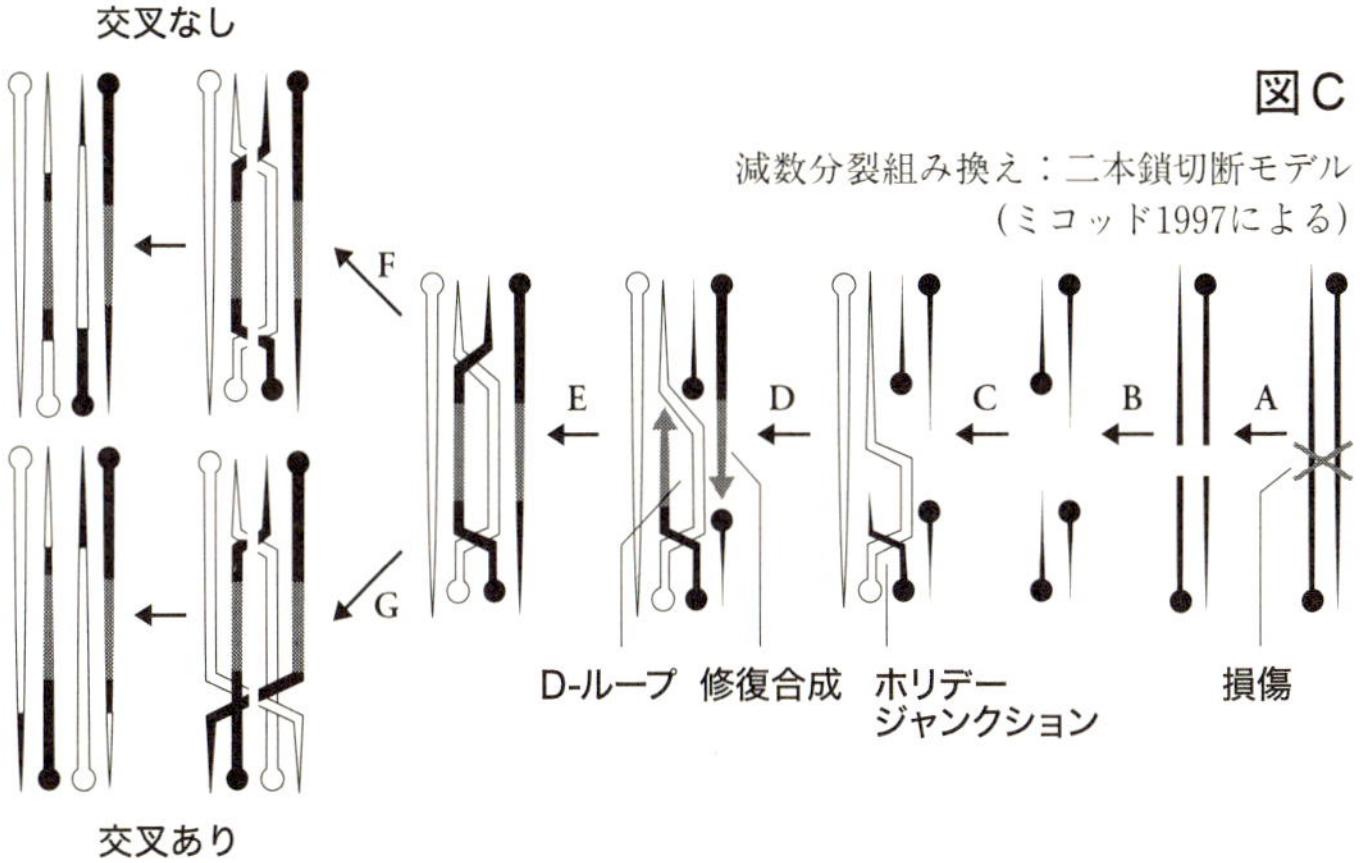
交叉なし
図C
減数分裂組み換え：二本鎖切断モデル
（ミコッド1997による）
F
E
D
C
B
A
G
D-ループ
修復合成
ホリデー
ジャンクション
損傷
交叉あり

パラダイムが専制する

第1章「種とは何か」で少し触れたように、減数分裂は、種の交尾後隔離機構としても機能する。一般的にA種とB種の雑種が不稔《ふねん》（生殖能力がない）なのは、相同でない染色体間では対合が起こらず、したがって減数分裂がうまくできず配偶子が形成できないからである。だから、A種とB種の雑種の染色体が倍化すれば、倍化した染色体同士は相同染色体として機能して、対合が可能になり、生殖能力が生じるのだ。これは植物では新種が生じる有力な方法のひとつである。突然変異と自然選択で、種は徐々に生じてくるのだというネオダーウィニズムの教義は、ここではかたなしである。染色体が倍になる倍数性の話題は、すべての教科書で「変異」の項においてとりあげているが、啓林館、数研出版、第一学習社、三省堂の教科書には、偶数倍数体（二倍体、四倍体、六倍体）には生殖能力があるという話が全く抜けており、いささか驚いた。

染色体の倍化によって新種ができたという実例はいくらでもあるが、自然選択によって新種ができたなんて話は、一度たりとも実証されたことはないのだ。パラダイムの専制とはかくのごときものなのかもしれない。大日本図書、実教出版、東京書籍の教科書では、倍数性の実例としてすべてコムギの倍数化による進化を扱っており、染色体が偶数倍になると、新種として確立することがちゃんと書いてあった。

1．Sutton, Walter（1877〜1916）アメリカの生物学者。
2．遺伝子やDNAの変異幅のこと。
3．1ナノメートル（nm）は10のマイナス9乗メートル（10^{-9}m）のこと（1ミリメートルの100万分の1）。

summary 第3章のまとめ

【減数分裂】

生物は進化の過程で、両親の遺伝情報を半分ずつ子に伝達する生殖方法を開発した。これは有性生殖と呼ばれ、その中心的プロセスは減数分裂である。減数分裂により、子は親と同じ染色体数を保つことができる。減数分裂の機能は、遺伝情報の切り捨てと再編成による多様化、および遺伝情報の修復にあると考えられる。

減数分裂は第一分裂と第二分裂からなるが、重要なのは第一分裂であり、第二分裂は補完的な意味しかもたない。第一分裂は相同染色体が対合する所から始まる。対合は相同染色体が互いに他を認識して平行に接着することであり、通常はこのことにより相同染色体のおのおのが分裂した別々の細胞に分配されることが可能になる。XとYの染色体のように部分的にしか相同でない染色体でも、ごく一部の相同部が対合して分配が可能になる。

相同染色体は対合している間に、遺伝子の修復と組み換えを行う。普通は損傷を起こしているほうの染色体のDNAの二本鎖が切断され、もう一方の染色体の

DNAを鋳型《いがた》にして切断されたほうのDNAが修復され、同時に遺伝子の組み換えが起こる。

遺伝子の組み換え方には二通りあり、ひとつは染色体を乗り換え（交叉）て、比較的広い領域の遺伝子を組み換えるやり方であり、ひとつは、修復されたDNAとその近傍のDNA情報だけを対になっている相同染色体の情報に置換するやり方である。後者は遺伝子変換と呼ばれる。

染色体数が2nの細胞の減数分裂においては、相同染色体の分配により、2^n（2のn乗）種類の配偶子の組み合わせが可能となる。さらに遺伝子の組み換えを行えば、産出される配偶子の種類数は膨大なものとなる。減数分裂は遺伝的多様性を増大させる機能をもつ。

種間の雑種は通常、生殖能力をもたないが、それは相同でない染色体の間では対合が成立せず、減数分裂が不可能で配偶子が形成されないからである。しかし、雑種の染色体が倍化すれば、対合が成立し、新種が形成されることがある。植物ではこのようにして新種が形成されることは比較的普通で、たとえば、パンコムギはこのようにしてできた種である。

第４章

性の決定

動物の大半と一部の植物には雄の個体と雌の個体がいる。生物の個体の雌雄はどのようにして決定されるのだろうか。高校の『生物ⅠB』では、この問題は「遺伝と変異」の大枠の下で、「性と遺伝」「性と染色体」「性の決定と伴性遺伝」といった項目で扱われている。「性の決定」に割いているページ数はせいぜい1ページか2ページで、どの教科書も基本的には性は性染色体により決定されるとしか書いていないが、性の決定には実は一筋縄ではいかない、ややこしくかつ面白い話がいくつもある。しかし、それらのことは教科書には何も書いていない。

多くの動物の個体には、雌雄の区別（性）がある。それは、性を決める染色体が存在するからである。キイロショウジョウバエの雌雄の染色体を比較してみると、雄にだけたがいに対をなさない染色体が2個観察される。その他の動物でも、雌雄のどちらかにだけ対をなさない染色体が存在することが多い。このような染色体を性染色体という。それに対して、雌雄が共通に対でもつ染色体を常染色体という（東京書籍・生物ⅠB）

多くの場合、動物の雌雄の比率（性比）はほぼ1：1である。この現象を遺伝的に説明するためには、雌雄の一方がホモ接合体[注1]、他方がヘテロ接合体[注2]であると考えるとよい。動物には性の決定に関係する特別な染色体がある。これを性染色体とよび、その他の常染色体と区別している（実教出版・生物ＩＢ）

個体に雌雄の区別がみられる生物では、雌と雄の個体数の比（性比）は1：1に近いものが多い。これは、性に関する遺伝子が、どちらか一方が同型接合で他方が異型接合になっているからである（第一学習社・生物ＩＢ）

参照した7つの『生物ＩＢ』の教科書の「性の決定」に関する記述から、3つのタイプを抽出してみた。最初のタイプは他に三省堂、2番目のタイプは他に数研出版と大日本図書、3番目のは他に啓林館であった。どれも大同小異に思われるかもしれないが、実はそうでもないのだ。決定的な違いは3番目の記述ははっきり間違いということである。微細な違いは、2番目と3番目には性比が1：1なのは、雌雄のどちらかがホモ接合体でもう一方がヘテロ接合体であるからだ、との記述があることだ。最初のにはそういう記述はない。

ダーウィンも悩ませた

性比が1：1であるのはなぜかという問いは実は難問で、ダーウィン[注3]がそれで悩んだことはよく知られている。種の個体数を増加させるには雄より雌が多いほうが有利だからだ。確かに1：1になる至近要因は、たとえばヒトであれば男はXY、女はXXという性染色体を有しているから、という答えは間違いとはいえないだろう。しかし、現実問題としてヒトの受精卵はXYになることのほうが少し多いらしい。ということは性比の問題は、卵にはすべてX染色体が入っており、精子にはX染色体かY染色体が半々の確率で入っており、したがって受精卵がXYになるかXXになるかは確率50％ずつで何の問題もない、という話にはならないということだ。社会生物学の文脈でこの問題を解決したのはフィッシャー[注4]で1930年のことだ。

フィッシャーの理屈は次のようなものだ。もし雄または雌のどちらかをよりたくさん産みやすいという性質がある程度遺伝するとして、今、雌の個体数が圧倒的に多いとしよう。ここでは雄をより産みやすいという性質は、進化的に有利なため徐々に頻度が増加して、ついには雌雄同数のところで安定するだろう。つまり、雌の数が多いところでは、雄を産んだほうが遺伝子を残すという観点から有利だから徐々に雄が増え、逆の場合は徐々に雌が増え、1：1で安定するというわけだ。もちろん、この話は性比が1：1であることの究極要因に関する1つの仮説にすぎず、実証されているわけではないが（私個人は、性比の究極要因を自然選択説で説明しようとする枠組みがそもそも間違っていると思っているが、この話は章を改めて書かねばなるまい）、いずれにしろ、性比が1：1の原因は教科書に書いてあるほど単純ではない。

ところで、性の区別がある生物でも、性染色体以外の原因で性別が決まるものも多いから、雌雄が全部性染色体で決まるかのような記述は問題が多い。さらに3番目のタイプの第一学習社のすでに引用した記述や、啓林館の「性に関する遺伝子があるとすれば、雌雄のうちどちらか一方がヘテロ接合で、他方がホモ接合である……」という記述は遺伝子と性染色体を同一視しており はっきり間違いである。哺乳類《ほにゅうるい》では性決定に関する遺伝子がいくつか発見されているが、これらの教科書に書いてあるような事実はない。

性染色体だけでは決まらない

さて、生物界全体を見わたしてみると、有性生殖は非常に普遍的に見られるが、雌雄異体は有性生殖ほど普遍的ではない。高等植物では雌雄同体のほうがむしろ一般的である。また性決定の仕方にもいろいろあり、ヒトのように大きなX染色体と小さなY染色体の組み合わせによって性別を決定するのは、どちらかというと特殊な部類に入ると思われる。以下、教科書には書いてない性決定のしくみについて順次述べてみたい。

まず細菌の雌雄について。大腸菌では2つの菌が接合して、1つの菌から他方へゲノム(環状DNA)の一部が入り込むことがある。入り込んだDNAはホストの相同部のDNAと組み換えを起こす。その結果ホストの菌の遺伝子組成は変化する。これは大腸菌の遺伝的多様性を増大させる。入り込むほうの菌を雄、ホストの菌を雌と呼ぶが、雌雄を決定するのはF因子と呼ばれる約9万4500塩基対ほどの環状二本鎖DNA分子であり、F因子を有する方が雄、有さない方が雌となる。接合によりF因子自体も雄から雌へ伝達されるため、ホストは雌から雄へ性転換する。接合して遺伝子を交換する様式の有性生殖はゾウリムシにもみられる。しかし、ゾウリムシの接合は互いに遺伝子を等量ずつ交換する同型接合で雌雄の区別はないようである。

植物や動物のようにゲノムが染色体となっている[注5]真核多細胞生物の多くは、性染色体を持つ。雌がホモの場合、ホモ接合する性染色体をX、もう一方をYと呼ぶ。この場合、雄はXYまたはXO（X染色体1本しかない場合）、雌はXXとなる。雄がホモの場合は、ホモ接合するほうをZと呼び、雄はZZ、雌はZWまたはZOとなる。すべての教科書に、4つのタイプ（XY型、XO型、ZW型、ZO型）の生物の例が記載されているが、どの教科書も脈絡なくただ生物名が載せてあるだけだ。もう少し工夫してほしい。

たとえば哺乳類はXY型だし（啓林館の教科書だけにはそのことが記してある）、高等植物はほとんどXY型かXO型（例外はオランダイチゴでZW型）、鳥類はZW型、爬虫類《はちゅうるい》もZW型まれにZO型、魚類はさまざまで、昆虫はXY型かXO型が一般的で、チョウやガはZW型かZO型が普通である。

植物では雌雄同体が普通で、雌雄異体のほうがまれである。しかし、蘚苔類《せんたいるい》では雌雄異体が普通で、性決定の様式はXY型で、ダンゴゴケの1種ではヒトと同じようにXは巨大であるがYは矮小化《わいしょうか》している。逆に高等植物ではXよりYのほうが大きいものが多い（たとえばアサ）。一方で、Xのほうが Yより大きいものもある（たとえばホップ）。スイバやカナムグラのようにY染色体が分割されてY_1とY_2の2本になっているものもあり、この場合雄はXY_1Y_2、雌はXXとなる。動物でもムントジャクシカ（ホエジカ）の雄はXY_1Y_2であるが、この場合はX染色体が常染色体の1つと融合してしまって巨大なX染色体となり、常染色体の本来のパートナーが孤立してY_2染色体になったようである。

植物のなかにはテンナンショウのように性転換するものがあり、雌雄は地下の球茎の重さにより決まる。これは今から80年近く前の前川徳次郎の研究により明らかになったものだ。球茎が4グラム以下は無性、21グラムまでは雄、それ以上は雌になるという。性別はすべて性染色体で決まるわけではないのだ。

動物でも雌雄同体のものがあり、ミミズやカタツムリは雌雄同体が基本である。性染色体だけによらない性決定をする動物も多く、たとえばミシシッピーワニは、卵が高温で育つと雄になり、低温では雌になる。また性転換する魚も多く、クマノミは雄から雌へ、ベラ類は雌から雄へ性転換することで有名である。これらの魚では後天的な原因によって、おそらく雌雄のホルモンの合成のスイッチが切り替わり、その結果として、卵巣《らんそう》と精巣のチェンジが起こるのであろう。

ニジマスでは仔魚《こざかな》に女性ホルモン、エストラジオール17βを与えることによりXYの雌をつくることや、逆に男性ホルモン、メチルテストステロンを与えることによりXXの雄をつくることができる。これらは不妊にはならず、立派に卵や精子をつくり子孫を残すことができる。魚類、両生類、一部の爬虫類では、XとYあるいはZとWの分化が進んでおらず、形態的にはほとんど相同である。魚類に見られる自然現象としての性転換も、性染色体が分化していないゆえに可能なのであろう。

昆虫は細胞自体に雌雄がある

ほとんどの昆虫では雌雄は性染色体により決定されるが、性決定のメカニズムは脊《せき》椎《つい》動物のそれとはかなり異なる。脊椎動物では雌雄は基本的に個体レベルの現象であるが、昆虫では細胞レベルの現象である。すなわち、たとえば先に述べたように、ニジマスでは全細胞がXXでも個体としては雄であることが可能だが、昆虫は細胞そのものが雌雄をもつので、そのようなことは起こらない。そのかわり、ジナンドロモルフ（雌雄モザイク）が生じることがある。たとえばXXのスズムシの受精卵の卵割においてXを1本逸失した細胞（XO）が生じたとする。するとXOの細胞系譜は雄になり、ジナンドロモルフのスズムシができる。野外においても右または左半分が雄で反対側が雌のチョウやクワガタムシがときどき採集されることがある。

哺乳類の性決定はXY型であり、基本的にはY上の睾丸《こうがん》決定遺伝子の有無により雌雄が決まる。前章でも述べたようにヒトの睾丸決定遺伝子はXとの対合部にあり、時に乗り換えが起きてX上に移動し、その結果XXの男の人が生じる。哺乳類ではXを2つ以上もつ原始生殖細胞は精原細胞に分化する途中で死滅するらしく、この個体は不妊になる。逆にXYを持つ原始生殖細胞は卵巣内に置かれると立派に卵原細胞になる。哺乳類では原始生殖細胞が卵原細胞に分化する時期は胎生期で、精原細胞に分化する時期も分娩《ぶんべん》直後であるらしく、魚類のように成長してから、精巣と卵巣がチェンジする可能性はない。したがって哺乳類では自然の性転換はみられない。

Y上の睾丸決定遺伝子の活性をさらに調節している上位遺伝子がXの短腕部にあるらしく、この部位の変化により、XY女性が生まれたという報告もある（ベルンステインら、1980）。ところで、性別の未分化な胎児ではミュラー管とウォルフ管をともに有し、雄ではミュラー管は退化して、ウォルフ管は副睾丸、輸精管、精嚢《せいのう》に分化し、泌尿生殖洞はペニス、前立腺《ぜんりつせん》、陰嚢を形成する。雌ではウォルフ管が退化し、ミュラー管は輸卵管と子宮に分化し、泌尿生殖洞は膣《ちつ》などを形成する。

睾丸決定遺伝子が機能して睾丸ができると、睾丸内のライディヒ細胞は男性ホルモン、テストステロンを合成してウォルフ管の発達や外部男性器の発達を促し、睾丸内のセルトリ細胞は抗ミュラー管因子を分泌してミュラー管を消滅させる。未分化の時期に性腺を除去すると、雌雄ともに性腺以外の性器は雌型になり、除去した胎児にテストステロンを投与すると、ミュラー管を残したまま、性腺以外の性器は雄型になる。

男女の問題は一筋縄ではいかない

このことから哺乳類では雌が自然の性であると考えられるようになった。逆にZW型の鳥ではZZの雄が自然な性であり、卵巣以外の雌の特徴はすべて女性ホルモン、エストラジオール17βによって誘導されたものだと言われている。ところがごく最近、哺乳類ではWnt－4遺伝子が雌化に積極的に関与しているとの報告があり、話は少しややこしくなった。この遺伝子はミュラー管の形成を促し、発達中の卵巣でライディヒ細胞の発達を抑制するらしい。この遺伝子に変異を起こした雄は正常であったが、変異雌は雄化したのである（ヴァイニオら、1999）。

哺乳類の性別に関与する遺伝子は他にもある。X上のTmf遺伝子はテストステロン受容体をコードしており、これに異常が起きるとテストステロンによって誘導される雄化は完全にストップする。XYのヒトの場合、睾丸は形成されるが、ウォルフ管は消滅し（テストステロンに反応しないため）、ミュラー管も消滅し（睾丸内のセルトリ細胞からは抗ミュラー管因子が分泌されるので）、泌尿生殖洞は雌型になる。人間社会の男女間の話と同じように、生物の雌雄の話も一筋縄ではいかないようである。

1.&2. ある遺伝子座や生物個体について、二倍体の細胞中にある2つの対立遺伝子が同一であるものをホモ接合体、異なるものをヘテロ接合体という。

3. Darwin, Charles Robert（1809〜1882）イギリスの博物学者。海軍の測量船「ビーグル号」に乗り組んで南太平洋を周航、生物・地質の調査を行った（1831〜1836）。後に『種の起原』を著し、自然選択説を唱えた。

4. Fisher, Ronald Aylmer（1890〜1962）イギリスの統計学者、遺伝学者。

5. 原核生物（細菌、ランソウなど）及び単細胞性の真核生物（ゾウリムシなど）以外のすべての生物のこと。

summary　第4章のまとめ

【性の決定】

有性生殖をする生物の中には雌雄異体のものと雌雄同体のものがいる。雌雄異体の生物の雌雄は、後天的に決定される場合と、特殊な染色体により遺伝的に決定される場合がある。

植物のテンナンショウでは、雌雄は球茎の重さにより決まり、球茎が軽いうちは雄花をつけ、そのうち成長して重くなると雌花をつける。ミシシッピーワニは、卵が高温で育つと雄に、低温で育つと雌になる。魚類の中にはベラやクマノミのように性転換するものもおり、この場合は成魚になってから、卵巣が精巣にあるいは精巣が卵巣に変化する。

雌雄異体生物のほとんどは特殊な染色体が関与して遺伝的に性決定がなされる。この染色体は性染色体と呼ばれ、雌がホモ接合のときはXY型かXO型（雌の性染色体はXX、雄はXYかXO）で、雄がホモ接合のときはZW型かZO型（雄の性染色体はZZ、雌はZWかZO）である。

哺乳類はXY型でX染色体のほうが大きい。魚類や両生類では性染色体の分化は進んでおらず、XとYあるいはZとWはほとんど同型である。しかしXとYの分化が進んでいるものほど高等というわけではなく、ダンゴゴケではXは巨大であるがYは矮小化している。

哺乳類の性決定遺伝子はY染色体上にある睾丸決定遺伝子である。睾丸以外の雄の特徴は睾丸内のライディヒ細胞が分泌する男性ホルモン、テストステロンにより誘導される。テストステロンが機能しない場合、みてくれの性徴は雌型になる。逆に鳥類では卵巣以外の雌の特徴は女性ホルモン、エストラジオール17βにより誘導される。

昆虫も基本的に性染色体により性決定がなされるが、昆虫の性別は細胞レベルにあるため、たとえばXXの本来雌になるスズムシの胚《はい》細胞の一部が卵割のときにXを1本逸失してXOの細胞になると、このXOのクローンは雄になり、雌雄モザイクが生じる。哺乳類の性は基本的には睾丸の有無によって決まる個体レベルのもので、このような形の雌雄モザイクが自然状態で生ずることはない。

第５章

進化のしくみ

生物の進化のしくみは、現代生物学における最大の難問である。約38億年前にこの地球上に出現した生物が、形や機能や行動を変化させて（すなわち進化して）今日に至ったことは、まず間違いのない事実として、ほとんどすべての生物学者に承認されているが、そのしくみについてはいまだに論争が絶えない。

高等学校では進化は『生物II』で取り扱われており、どの教科書も30ページ程度を進化に割いており、そのうちの半分を生物の進化史に、残りを進化のしくみにあてている。

生物にさまざまなものがあることは、昔から人々の関心を集めていた。今では、多様な姿を示す生物は長い歴史をへて進化してきたものであることが知られているが、実際に生物がどのように進化するかは不明な点が多い（東京書籍・生物II）

生物の進化はどのようにして起こるのだろうか。すでに私たちは親から遺伝子を受け継ぐことを知っている。遺伝と進化はどう関係しているのだろうか（啓林館・

生物Ⅱ）

進化をめぐる論争は時代とともに変化し、さまざまな説が提唱されてきている。それらは生物学の進歩とともに修正され、補強されつつ現在へと続いている（実教出版・生物Ⅱ）

「進化のしくみ」を解説した冒頭の文章を3つ挙げてみた。ほとんどの教科書の書き方は3番目に挙げたタイプのものだが、東京書籍と啓林館の教科書は他とは少し変わった書き出しである。前者は進化は生物の多様性の根拠であることを明確にするとともに、進化のしくみには不明な点が多いことを素直に述べている。後者は、進化と遺伝の関係が重要であることを強調しており、その後の記述も集団遺伝学的な色彩が強いものとなっている。

進化論の歴史は19世紀初頭のラマルク[注1]から始まり、1859年のダーウィンの『種の起原』が現代進化論の源流である、というのが学界の通説であり、参照した8つの教科書の記述はすべてこの線に沿ったものである。ただし、ラマルクもダーウィンも進化という現象を説明するために進化論を考えたわけではなく、生物の多様性を説明するために「進化」という仮説を提唱したのである。高校の教科書にはそのことはあまり明確には書かれていない。少しでもそのことに触れていたのは東京書籍の他は実教出版と教育出版の教科書だけであった。

ラマルクの説として有名な用不用説[注2]と獲得形質[注3]の遺伝はすべての教科書に出ていたが、実はラマルク進化論の主仮説は、これらの説ではなく前進的進化説なのである。不完全ながらそのことに触れていたのは、啓林館、教育出版、実教出版の教科書だけであった。ラマルクは、現在でもなお極めて原始的な生物の自然発生[注4]は続いており、自然発生した生物は自身のもつ内在的な力により不可避的に高等になっていくと考えていた。大昔に自然発生した生物は今は、きわめて高等な生物になり、最近自然発生した生物は下等な生物であり、そのようにして生物の多様性が生ずると考えたのだ。用不用説と獲得形質の遺伝はこの前進的進化説の補助仮説なのである。

進化することは宿命である

19世紀の中葉になり、パスツール[注5]が自然発生を否定する実験を行い、ラマルクの主仮説は崩壊する。ダーウィンが「ラマルクのばかげた考えには与《くみ》したくない」と言ったのは、この主仮説のことであり、用不用説と獲得形質の遺伝をダーウィンが信じていたのはよく知られている。実教出版の教科書だけにはそのことが書いてある。ところで、ダーウィンの提示した進化の仮説は、今日「自然選択説」の名で呼ばれているが、ウォーレス[注6]も同時に同じ考えに達しており、自然選択説の提唱者としてウォーレスの名を挙げないのは公平でないであろう。啓林館の教科書だけがウォーレスの名を挙げていた。

ダーウィンの「自然選択説」の骨子は次のようなものだ。(1)生物には変異があり、変異には遺伝するものがある。(2)環境に適した変異は生き残りやすい。(3)その結果、生物は徐々に適応的なものに変化していくだろう。すべての教科書にはニュアンスの違いはあれ、このことが述べてある。

「自然選択説」の前提は、生物の個体数は有限であり、しかも生まれた子のうち親になれるのはごくわずかだという事実である。有限の集団で、しかも親になって子孫を残す前にかなりの数が死んでしまうという条件では、自然選択があろうがなかろうが、長い時間のうちには、偶然、ある変異が増大したり、減少したり、絶滅したりすることは避けがたい。自然選択はそれを強力に推進するプロセスである。

しかし、よく考えてみれば、すべての生物はこのような条件下で生きているといえる。ということは、生物でありさえすれば、進化は避けがたいことになる。私見によれば、ダーウィンの最大の功績は、このことを発見したところにあるのだが、そんなことが書いてある教科書はひとつもない。

ダーウィンのもうひとつの大きな功績は、生物の進化は種の分岐をもたらすことを述べた点にある。『種の起原』にはたったひとつだけ図が載っているがそれは種分岐の図である。キリスト教は種の多様性の根拠を、神がそれぞれの種を現在ある姿で創《つく》ったからだと考えた。ラマルクは、自然発生した時期の違いによって現在みられる多様性が生じたと考えた。ラマルクの『動物哲学』には種が分岐することを示唆《しさ》するような記述がないわけではないが、多様性の原理として、種分岐をはっきり打ち出したのはダーウィンが最初である。自然選択が進化の主因であるとの考えに異議を唱える学者はいても（実は私もその一人である）、多様性の根拠は進化に伴う分岐であることを否定する学者はほとんどいないと思われる。問題は、自然選択が進化にとってどれほど重要かというところにある。

進化に方向性は本当にないのか？

さて、現代的進化論は1930年代になって、ダーウィンの自然選択説とメンデルの遺伝学が合体して興《おこ》るのだが、それ以前にもさまざまな進化論があり、その中で教科書に載っているのはド・フリース[注7]の突然変異説とワグナー[注8]の隔離説である。コープ[注9]やオズボーン[注10]などの主としてアメリカの古生物学者たちが19世紀末から20世紀初頭にかけて主張した「定向進化説」(生物には一定方向に進化する内的な要因がある)が載っている教科書はなかった。おそらく、隔離と突然変異は、現代の主流の進化論に取り込むことが可能だが、定向進化説はそうでないからなのであろう。

しかし、ワグナーの隔離説(これが載っていたのは第一学習社、実教出版、啓林館)もド・フリースの突然変異説(これはすべての教科書に出ている)も、それが提唱された元々の文脈においては、自然選択説とは独立の学説だった。特にド・フリースの突然変異説は自然選択説を否定する学説だったのだ。突然変異によってA種からB種が一気に生ずるのであれば、種の形成に自然選択が関与する余地はない。ド・フリースが研究したオオマツヨイグサをはじめ、染色体の倍数化によって新種が形成される例はコムギなどでも知られており、数研出版と教育出版を除く6つの教科書にはその話が載っていた。

現在の進化論については、当然のことながら主流のネオダーウィニズムの解説が主となる。

現代の進化説では、生物の進化は次のような過程を経ておこる、と説明されている。
(1)本来生物集団内の遺伝子構成は安定しているが、遺伝子や染色体に突然変異がおこり、新しい遺伝子が生じる。
(2)このとき、その突然変異遺伝子が環境に対して適応度が高い場合、自然選択によりその遺伝子が増加して、遺伝子構成が変化する。
(3)この集団に隔離の作用が働き、小さな集団がもとの集団から切りはなされると、長い年月のあいだに新しい種が固定されていく（実教出版・生物Ⅱ）

DNAに起こる無方向的な突然変異に自然選択が作用することこそが、進化の主因であるとのネオダーウィニズムの教義に極めて忠実な解説ではある。しかし、突然変異がすべて無方向的かどうかについては、近年疑問がもたれており、大腸菌では少なくとも見かけ上適応的な突然変異が起こる場合があることが知られている（たとえば、ラクトースを分解できない大腸菌をラクトース培地で培養すると、ラクトースを分解できる突然変異が誘発される）。

自然選択は実証されていない

また、自然選択の実証例は実はほとんどなく、唯一《ゆいいつ》確からしいのは、ガラパゴスフィンチの体の大きさやくちばしの形が適応的に変化したとの観察例である（ワイナー、1994）。[注11]これは啓林館の教科書に載っている。

自然選択の実証例として極めて有名なオオシモフリエダシャクの工業暗化は、実教出版と教育出版を除くすべての教科書で大きく取り上げられており、中には課題研究として載せている（東京書籍）[注12]ものもあるが、近年、これには疑問が呈されており（サージェントら、1998　マジェルス、1998）、教科書からは削除するのが適当だと思われる。突然変異によって黒色型になった蛾《が》は、煤煙《ばいえん》で地衣類が死滅した木の幹に止まっているときは目立たず、逆に白色型の蛾はよく目立ち、鳥の捕食圧の違いにより、白色型から黒色型への進化が起こったとのケトルウェルの説が長い間信じられていたが、オオシモフリエダシャクは自然状態で幹に止まることはなく、教科書に出ている幹に止まっている蛾の写真は人為的なやらせの疑いが強いらしい。

工業暗化はイギリスではオオシモフリエダシャクだけでなく、他のシャクガ類にも広く見られ、古くハリソン（1926、1928）はオオシモフリエダシャクとは別のシャクガの幼虫に硝酸鉛やマンガン化合物をエサに混ぜて食べさせることにより、黒色型の変異を誘導することに成功しており、工業暗化はこの方向からも再検討の必要がある。ハリソンの実験が正しければ、多細胞生物でも方向的な変異が起こることになる。

[注13]木村資生《もとお》（1968）はほとんどのDNAの塩基配列の進化は、自然選択からは中立であり、偶然集団中に広がったものである、とのいわゆる中立説を提唱した。今日、分子レベルにおいては、中立説はほぼ間違いないと認められてきているが、それが形態の進化とどう関係するかは依然としてやぶの中といってよい。自然選択万能論に一《いっ》矢《し》を報いたという意味で、中立説は大きな業績だが、触れていない教科書も多い。数研出版と啓林館の教科書は中立説を説明しており、実教出版と教育出版のものは小集団での遺伝的浮動（偶然）を説明することにより、実質的に中立説的な考えを述べている。

進化のある局面で自然選択というプロセスが働くことは間違いないが、それは自然選択が進化の主因であることとは別問題だ。「生物の適応的な性質の進化を説明する理論は、自然選択説以外には考えられない」とネオダーウィニストたちは主張するが、ある性質が適応的かどうかを決める客観的な基準は存在せず、この言明はネオダーウィニストの主観的希望にすぎない。適応度の高い生物は生き延び、適応度の低い生物は滅びると、ネオダーウィニストは主張するが、適応度というのは予測不能であり、しかも状況しだいで刻々と変化するものであるから、このような言明には生産的な意味はない。[注14]

四方哲也《よもてつや》（1997）は大腸菌の「競争的共存」は自然選択説では説明できないことを述べている。大澤省三らはオオオサムシ類の系統解析の結果、いくつもの独立の系統で、ほぼ同じ形態が進化することを見いだした。遺伝子に偶然生じる突然変異に自然選択が作用して進化が起きる、との考えでは形が異なっていくことは説明できても、いくつもの独立の系統で形が同じになることは説明できない。オオオサムシ類には4つの形態パターンがあり、大澤は進化の過程で、あるパターンから別のパターンへの形態の切り替えが起きたと考えて、これをタイプスイッチングと呼んだ。タイプスイッチングがなぜ起こるかについてはいろいろ考えることができるが、私はオオオサムシ類の安定的な形態は4つしかないからであろうと考えている。

体制の大きな変化を大進化と呼び、遺伝子頻度の増減といったマイナーな進化[注15]（小進化）と区別するが、大進化の典型例は真核生物の出現である。これに関するマーギユリス（1967）の共生説はすべての教科書に載っていたが、残念ながらこれを進化のしくみとして説明しているものはなかった。いくつかの生物が共生することにより、新しいタイプの生物が出現するのであれば、ネオダーウィニズム的なプロセスは、こういった進化には重要な意味を持っていないことは明らかである。

生物のシステムや枠組みは、自然選択とは無関係な出来事によって決まり、自然選択はその後で働くマイナーな進化プロセスにすぎないと私は思っている。私の「構造主義進化論」について述べる紙幅がなくなったが、それについては『さよならダーウィニズム』（講談社）、『構造主義と進化論』（海鳴社）などを参照してくだされば幸甚《こうじん》である。

1．Lamarck, Jean Baptiste Pierre Antoine de Monet, Chevalier de（1744〜1829）フランスの博物学者。主に無脊椎《せきつい》動物を研究し、後に用不用説を唱えた。「biology」（生物学）は彼の造語。
2．使用が継続される器官は増強され、使用されない器官は徐々に衰退していくという考え。
3．生物が一生の間に環境の影響によって受けた変化のこと。
4．生物が無生物から発生すること。
5．Pasteur, Louis（1822〜1895）フランスの化学者、微生物学者。近代微生物学の創始者とされる。発酵の原因が微生物にあることを証明し、自然発生説を否定した。

6. Wallace, Alfred Russel（１８２３～１９１３）イギリスの博物学者。主に生物相の比較研究を行い、後に「ウォーレス線」と名付けられる生物分布境界線を提唱。１８５８年には、自然選択説に関する手紙をダーウィンに送り、彼が自説を発表するきっかけを作った。

7. De Vries, Hugo（１８４８～１９３５）オランダの植物生理学者、遺伝学者。メンデルの法則を再発見。オオマツヨイグサの雑種を研究し、突然変異説を提唱した。

8. Wagner, Moritz Friedrich（１８１３～１８８７）ドイツの生物学者。地理的な障害が生物分布の相違をもたらすと考え、隔離が進化の最大要因とする隔離説を唱えた。

9. Cope, Edward Drinker（１８４０～１８９７）アメリカの古生物学者。脊椎動物の化石研究で有名。

10. Osborn, Henry Fairfield（１８５７～１９３５）アメリカの古生物学者。

11. 南米大陸の西側に位置するガラパゴス諸島（エクアドルの領土）に生息する、小型鳥類の固有種。オオガラパゴスフィンチ、ガラパゴスフィンチ、コガラパゴスフィンチなどのこと。

12. シャクガ類の一種。学名はBiston betularia。

13. （１９２４～１９９４）理論集団遺伝学者。

14. 自然選択に対する個体の有利、不利を表す尺度。

15. Margulis, Lynn（１９３８～）アメリカの女性生物学者。共生説を提唱したことで知られる。

summary 第5章のまとめ

【進化のしくみ】

この世界になぜこれほど多様な生物がいるかは昔から大きな謎《なぞ》であった。キリスト教は神がすべての生物種を現在あるのと同じ姿で創ったと考えた。長い間、種の不変性は絶対的な前提であった。

種の多様性を、進化という観点からはじめて明確に述べたのはラマルク（1809）であった。ラマルクは生物の自然発生説と前進的進化説により多様性を説明しようとした。しかしパスツールにより自然発生説が否定されラマルクの進化論は崩壊する。

ダーウィン（1859）は種の多様性の根拠が種の分岐にあることをはじめて明確に指摘した。種の分岐の推進力として自然選択を考えたのもダーウィンが最初である。1930年代になり、ダーウィンの自然選択説にメンデルの遺伝学が合体してネオダーウィニズムと呼ばれる学説が形成される。その主張は次のように要約できる。①遺伝子に無方向的な突然変異が起こる。②この突然変異が環境に適応的ならば集団中に広がり、不適ならば集団から除去される。③この繰り返しにより生物は徐々に進化する。

１９６８年、木村資生は分子進化（ＤＮＡの塩基配列の置換）には自然選択よりも遺伝的浮動（偶然）が重要であるとの中立説を唱え、自然選択万能論に一石を投じた。今日では中立説はほぼ受け入れられているが、分子進化と形態進化がどう関係するかはまだよくわかっていない。

自然選択というプロセスの存在やＤＮＡの中立進化を否定する論者はほとんどいないが、それらが進化の主因であるか、それともそれ以外のメカニズムが進化の主因であるかについては論争が絶えない。

マーギュリス（１９６７）は原核生物から真核生物への進化は、異なる細胞同士が共生することによって起こったとの共生説を唱えた。今日、この説はかなり多くの人に受け入れられているが、もし共生説が正しいとするならば、真核生物の進化は自然選択とも遺伝的浮動とも異なるメカニズムで起こったことになる。

進化にとって最も重要なのは遺伝子の変化ではなく、システムの定立とその変化であり、遺伝子はシステムに拘束された部品にすぎないとの立場（構造主義進化論）もあり、進化のしくみについての論争はまだ当分続きそうである。

第6章

生命の起源と初期の進化

前章では「進化のしくみ」について述べた。本章と次章では実際に生物が進化した歴史について述べよう。

進化の仕組みの研究と生物の歴史の探究はとりあえずは別の研究課題であるが、互いに相手を無視することはできず、密接な関係がある。進化の仕組みについての新しい理論は生物の歴史の再解釈をうながすし、生物の歴史に関する新事実の発見は、進化理論の修正を余儀なくするからである。

高校の教科書では『生物II』のおよそ20ページ近くを生物の歴史の解説に割いている。本章では、生命の起源から真核生物の出現までを解説しよう。

生物はどのようにして地球上に現われたのであろうか。また、出現した生物は、地球の歴史とともにどのように変化を続けてきたのであろうか。生物の進化のようすは、化石や現存する生物から得られるさまざまな情報を比較することによって推定することができる（実教出版・生物Ⅱ）

ごく簡単に要約すれば以上のようなことになるのであろうが、具体的にどうなっているかを調べるのは簡単ではない。まずは生命の起源の問題からみてみよう。

〈化学進化〉生命の本質がタンパク質などの高分子の化学物質であることがわかってくると、「生物進化の段階の前に、化学物質が生物に進化するという化学進化の段階があった」という考えが出された（オパーリン、1923年）。化学進化は、簡単な有機物（アミノ酸やヌクレオチドなど）の合成に始まり、それらが化合して複雑な有機物（タンパク質や核酸など）が合成される段階を経て、原始生命体ができるまでをさす（啓林館・生物Ⅱ）[注1]

参照した8つの教科書はすべて化学進化を取り上げており、大日本図書と東京書籍を除くすべては、化学進化に関するミラーの実験を紹介している。[注2]

ミラーの実験とは、原始大気として想定した水蒸気、メタン、アンモニア、水素の混合ガスに放電し続けると、アミノ酸や他の有機酸が合成されることを示したものである。しかし、初期生物を作る材料となった有機物がすべて原始大気から由来したとは限らない。地球外からやってくる隕石《いんせき》の中にアミノ酸がみつかるからである。教育出版の教科書だけにはそのことが述べてあった。

しかし、アミノ酸のような簡単な有機物ができただけでは生物は生じない。これらが重合して複雑な有機物（たとえばたんぱく質）が生成されなければならないからだ。アミノ酸を加熱すると重合して簡単にポリペプチドになるが、高エネルギー（ここでは高温）は同時にポリペプチドを分解する原因ともなり、徐々に重合が加速していくことはない。

そこで最近注目されているのは、海底からマグマで温められた熱水が噴出してくる熱水噴出孔である。熱水噴出孔が生命の起源と深く関係していることは徐々に明らかになってきたが、高校の教科書にはそのことはまだほとんど触れられていないので（数研出版の教科書に少しだけ書いてある）、少し解説しよう。

現在までに知られている最古の生物の化石は西オーストラリアのノースポールから出土した原核生物の化石で、約35億年前のものである。最近までこの化石はシアノバクテリアのものだと思われていた。高校の教科書にもそう書いてあるものがある（教育出版、実教出版など）。シアノバクテリアは光合成生物としては現在までに知られている最古の原核生物である。

ところがつい最近、この化石は深海の熱水活動域に生息していたものだと考えられるようになった。そうだとすると、これは浅海にしか生息できないシアノバクテリアではなく、好熱細菌と考えねばならない。最古の生物はどうやら、熱水噴出孔で生まれたらしい（丸山茂徳《しげのり》・磯﨑行雄『生命と地球の歴史』岩波書店、１９９８参照）。

ゲノムの塩基配列から解析した系統樹によると、現生の生物は真正細菌、古細菌、真核生物の３つのドメインに大別される。まず共通祖先から真正細菌と［古細菌＋真核生物］が分かれ、次いで後者の系列から古細菌と真核生物が分岐する。共通祖先に近いところから分岐する真正細菌や古細菌の多くは好熱菌で、中には摂氏１００度以上という熱水中で生息するものがある。ということは、最初の生物ほど好熱性であった可能性が高いのである。

もし、熱水噴出孔で生命が生じたのであれば、その付近には生物体を作る複雑な有機物が存在していなければならないことになる。つい最近、松野孝一郎らのグループは熱水噴出孔を模した実験系で、アミノ酸の一種であるグリシンが重合してオリゴペプチドが作られることを示した（イマイら、１９９９）。

すでに述べたように、高エネルギーの場所ではアミノ酸が重合しても、またすぐに分解されてしまう。

ところが、熱水噴出孔付近は噴出した熱水と周りの冷水がモザイク状に交ざり合い、重合したオリゴペプチドは冷水中にほうり出されて安定となり、再び熱水中に入り重合することが可能になる。熱水噴出孔付近で、単純な有機物が複雑な有機物に変化するプロセスを示したこの実験は、化学進化にとって大きな意義をもつ。

ルールが変更された！

複雑な有機物が作られただけではもちろん生物はまだできたことにはならない。

生物は境界によって内部（自己）と外部を区別する必要があり、この区別を可能にするのは内部にだけ通用するルールである。このルールは外部のルールである物理化学法則とは矛盾しないが、そこから必然的に導くことのできない恣意的《しいてき》なものである。いわば何らかの偶然によってできたルールである。

このルールはさまざまな高分子間の記号論的な関係性であり、構造主義生物学では、このようなルールを有している空間を基底の（外部）空間と区別して限定空間と呼ぶ。生物の成長とは限定空間が増大することであり、繁殖とはこれが分離独立することであり、死とは限定空間内のルールが消滅し、基底の空間に戻ることであり、遺伝とはこのルールが、分離独立した限定空間に伝わることであり、そして最も重大な進化的出来事は、このルールが変更されることである。

「億」の財産を100年で消費

始源の生物において、このルールがどのような形式で出現したかはわかっていない。現生生物ではこのルールは核酸（DNAあるいはRNA）の塩基3つ組とアミノ酸が対応して、たんぱく質を合成するやり方や、各種の代謝経路あるいは形態形成場として具現しているが、このルールが安定的に存続し、かつ遺伝していくためには各種の高分子が複製される必要がある。

生命の起源前後において、複製装置として機能したキー物質はDNAではなくむしろRNAの可能性のほうが高いようである。このことは教育出版の教科書で少し触れられているだけである。

さて、深海の熱水孔付近で発生した原核生物は長い間浅海に進出することができなかった、と考えられている。それは有害な宇宙線が生体高分子を破壊したからである。ところが28億～27億年前ごろになって、地球磁場が強くなり、磁場のバリアによって宇宙線から守られて、生物は浅海に進出することができるようになった。その結果、原核生物のあるものは光エネルギーを利用して、二酸化炭素と水から有機物（食物）を作るようになった。すでに述べたシアノバクテリアである。

最古のストロマトライトの化石は27億年前のものと考えられている。ストロマトライトはシアノバクテリアが作り出した構造物である。高校の教科書にはすべてシアノバクテリアについては書かれているが、約半数のものにはストロマトライトのことが書かれてなかった。

ところで、光合成には必ずしも水は必須《ひっす》なものではなく、H_2S、S、Fe^{2+}などを水にかわる還元物質とすることもでき、シアノバクテリア以外の多くの光合成細菌は水を使っていない。原始的な光合成システムはむしろ水を使わないものであると思われ、すると最古の光合成生物は27億年前のシアノバクテリア以前に出現したことになるが、直接的な証拠はまだ見つかっていないようである。

光合成の還元物質として水を使えば、その結果、必然的に酸素が放出される。海水中に放出された酸素は海水中に含まれていた還元鉄を酸化鉄に変え、海底に沈積させた。大規模な鉄鉱石の産地はすべて先カンブリア時代の地層にあり、そのピークは25億〜20億年前にある。これはシアノバクテリアの活動のピークにあたる。酸化鉄の沈積にはシアノバクテリアの他に鉄バクテリアも関与したと考えられている。

現代文明は、エネルギー源として石油や石炭、建物や機械を作る材料として鉄やセメントに依存しているが、これらはすべて過去の生物が作ったものである。石油や石炭が主として石炭紀と呼ばれるころに栄えた巨大シダ類の遺骸《いがい》であることはよく知られている。セメントの原料である石灰岩は、生物がカルシウムイオンと二酸化炭素から作った炭酸カルシウムであり、貝類、サンゴ、ウミユリ[注3]、腕足類[注4]、有孔虫[注5]そしてストロマトライトが石灰岩を作った主役である。現代文明というのは要するに過去の生物が億単位の年月をかけて作った財産を、１００年単位で消費している生活様式なのである。

シアノバクテリアが全盛を誇っていたころ、捕食者というのはほとんどいなかったらしい。捕食者がいなければ生態系は単調で、生物の多様性も増大しない。地球上でシアノバクテリアの占めるシェアは圧倒的に大きかったろう。その結果、二酸化炭素はどんどん減少し、酸素はどんどん増加した。これは進化にとって2つの大きな意味をもった。ひとつは、生物にとって酸素は毒物質なので、何らかの対策をとる必要にせまられたこと。ひとつは、大気中の高濃度の酸素は大気圏から外へ漏れてオゾン層を作ったこと。これは紫外線をさえぎり、生物の陸上への進出を容易にしたが、それはずっと後の4億年前のことである。それに対し、前者は20億年以上も昔のことだ。

分岐だけでは説明できない

酸素毒性を中和する能力を獲得した生物や、酸素を積極的に利用して酸素呼吸をする生物が出現した正確な時期はわかっていないが、20億年よりもかなり前であることは確からしい。というのはミシガン州にある約21億年前の地層から真核生物らしき化石がみつかっているからである。

真核生物は体内に[注6]ミトコンドリアをもち、[注7]酸素呼吸をする。前章でも少し触れたように、真核生物の起源としてはマーギュリスの共生説が有名である。この説はさすがにすべての教科書に載っているが、それが進化理論に対して与えた衝撃はどの教科書にもでていない。

ダーウィン以来、生物の多様化の原因は種の分岐にあると考えられていた。しかし、共生説が正しいとなると、生物の多様化をもたらした最大の原因である真核生物の起源は、いくつかの異なる生物の交叉《こうさ》にあることになる。宿主に共生してきたミトコンドリアや葉緑体の起源はおおよそわかってきたようであるが、肝心の宿主細胞の起源はまだ不明のようである。

真核生物は原核生物に比べ細胞も大型化できるし、細胞内の構造もケタ違いに複雑である。先ほどの構造主義生物学の用語を使えば、真核生物の成立は、新しい限定空間の出現ということになる。原核生物はその出現から約15億年の間、そのルールの許す範囲でさまざまな可能性を試してきた。その結果、さまざまな種類の真正細菌と古細菌が出現した。しかし、しょせんそれは原核生物というルールの枠内での話でしかなかった。

このルールは光合成ができる細菌も作ったし、酸素呼吸ができる細菌も作った。しかし、ついに多細胞の生物を作ることはできなかったのだ。それが作られるためには、原核生物のもつルールとは異なるルールをもつ、新しい限定空間の出現をまたなければならなかった。

繰り返し強調しておかなければならないのは、この重大事件が種の分岐ではなく、交叉によってなされたことだ。言い方を換えれば、種の分岐にのみ基づいたネオダーウィニズムの進化理論は、重大な進化については無効ということである。

約10億年前に多細胞生物が出現する。そこから先の話は次章で述べよう。

1. Oparin, Aleksandr Ivanovich（1894〜1980）ロシア（旧ソ連）の生化学者。著

書『生命の起源』において、原始生物の出現に関する科学的学説を提唱した。

2. Miller, Stanley Lloyd（１９３０〜）アメリカの化学者。

3. カンブリア紀に現れ、オルドビス紀、シルル紀に栄えた、棘皮《きよくひ》動物の原始的な一綱。

4. シャミセンガイ類やホオズキガイ類など、触手動物門の一綱。カンブリア紀に出現し、現在まで及んでいる。

5. 原生動物の一目。殻は石灰質や石英質から成る。先カンブリア時代からの残存生物。

6. 細胞内で酸素を消費し、基質を分解する機能をもつ、細胞内小器官のひとつ。ＡＴＰの主な供給源。

7. 酸素の消費を伴う呼吸。好気呼吸ともいう。

summary　第6章のまとめ

【生命の起源と初期の進化】

地球上における生命の歴史は38億年以上前にさかのぼることができる。生命が誕生するためには、生物体を形成する有機物の存在が前提となる。ミラーは1955年に、原始大気と想定したメタン、アンモニア、水蒸気、水素の混合気体に放電することにより、アミノ酸などの有機物が作られることを実験的に示した。地球に落下する隕石中からもアミノ酸が見つかっており、40億年前の地球上には、生命を作るのに十分な有機物が存在したと考えられる。

最初の生物は、マグマによって熱せられた熱水が噴出してくる海底の熱水噴出孔で発生したらしい。現在知られる最古の化石は、約35億年前の熱水噴出孔付近に生息していた好熱細菌（原核生物）のものと考えられている。

生命が発生するためには単純な有機物が重合して複雑な有機物が作られる必要がある。最近、熱水孔付近の環境を模した実験装置で、単純なアミノ酸であるグリシンが重合してオリゴペプチドが作られることが示された。複雑な有機物の存在は生命発生の必要条件ではあっても、十分条件ではない。

生物となるためには、外部から独立した内部にだけ通用するルールを構築しなければならないからである。ルールはさまざまな可能性のうちから偶然選ばれたものであるが、ひとたび確立すれば、その後の生物を拘束する枠組みとなる。

このルールはたんぱく質や核酸などの高分子間の関係性であり、さまざまな代謝経路や形態形成の基礎をなす。またルールが維持されるためには、複雑な高分子が安定的に供給される必要があり、その意味で高分子の複製は生物であるための基本的な要件となる。生物の歴史の初期においては複製はＤＮＡよりもむしろＲＮＡによって担《にな》われていたと考えられている。

生命の発生から約15億年間は原核生物だけの世界であった。この間最も繁栄したのは光合成細菌のシアノバクテリアであり、この生物の活動により、海中と大気中の酸素は著しく増加した。

知られる限り最古の真核生物は21億年前の地層からのものである。真核生物はいくつかの原核生物の共生により生じたと考えられている。真核生物の誕生は新ルールの誕生でもあり、その結果、原核生物では不可能であった多細胞生物への道が開かれることとなった。

第7章

進化パターンと大絶滅

10億年前に出現した多細胞生物は、先カンブリア時代末（原生代ベンド紀）からカンブリア紀の初期に一気に多様化する。カンブリア紀の大爆発としてよく知られているこの事実は、なぜか高校の教科書にはあまりきちんとは取り上げられていない。唯一《ゆいいつ》の例外は大日本図書の『生物II』である。

化石の記録によると古生代の初め、カンブリア紀からオルドビス紀にかけて（ほぼ6億年から5億年前）、海中にはさまざまな動植物が生きていた。

植物では緑藻をはじめ、褐藻、紅藻などの海藻類が、さまざまな深さの海底に生活していたと考えられる。海中では深さによって到達する光の波長が異なり、現在の各藻類のもつ光合成色素は、生活する深さの光の波長にほぼ対応している。

動物では、その頃の地層から腔腸《こうちょう》動物・棘皮《きょくひ》動物・軟体動物・環形動物・原索動物などの現在も見られる動物群と、現在の動物群のいずれにも属さない動物が数多く見つかっている。この時代の海は、多細胞生物の爆発的な多様化とさまざまな生存様式の試みの場であったと考えられる（大日本図書・生物Ⅱ）

カンブリア紀の大爆発がなぜ起きたかは生物の進化史上の最大のなぞのひとつであるが、ここでは高校の教科書にはほとんど書いてないいくつかの話題を紹介しよう。

史上最大の「異質性」

原生代の末、ベンド紀に外骨格をもたない多細胞生物であるエディアカラ生物群が出現する。6・2億〜5・5億年前のことである（図D）。これは7・5億年前から酸素量が急激に増加したことと関係しているらしい。さらには8億〜6億年前ごろの氷期が終わり、海が温かくなったこととも相関しているのかもしれない。もちろん、これらは外的な条件であって、エディアカラ生物群がなぜ出現したかという本質的な問いに答えているわけではない。構造主義生物学の立場からは、この時期に生物は新しいシステムを開発したとしかさしあたっては言いようがない。

エディアカラ生物群は、長い間現生のクラゲやゴカイに近縁の生物だと思われていた。ドイツの古生物学者ザイラッハーはこの見解に異を唱え、これらの生物群は現存のいかなる生物とも無縁の異質なものであると主張し、ベンドビオンタ（ベンド紀の生命の意）と名づけた。著名な古生物学者のグールドは『ワンダフル・ライフ』（早川書房）の中でザイラッハーの見解を支持し、エディアカラ生物群は原生代末に大絶滅を起こし、子孫を残さずに消滅したと述べた。丸山と磯崎（1998）もV／C境界（ベンド紀とカンブリア紀の境界）に大絶滅が起きたことを示唆《しさ》している。しかし、カンブリア紀の化石の研究者であるS[注1]・コンウェイ・モリスは、エディアカラ生物群の少なくとも一部は（具体的には刺胞動物のウミエラ類）カンブリア紀に引きつがれたと考えている（『カンブリア紀の怪物たち』講談社）。

いずれにしてもエディアカラ生物群の多様性はカンブリア紀のそれに比べ貧弱で、V／C境界で大規模な生物相の交代が起きたことは確かである。カンブリア紀になると外骨格を有した動物が現れ、生物の多様性は一気に増大する。いわゆるカンブリア紀の大爆発である。それを代表するのはカナダのバージェス頁岩《けつがん》の動物相だ。残念ながら高校の教科書にはバージェス頁岩の化石について明示的に述べてあるものはひとつもない。

バージェス頁岩の化石の特徴は、現生の動物の基本設計プランがほぼすべてそろっているのに加え、現生生物との類縁関係がわからないという意味で正体不明の動物がたくさん出土することだ。たとえば、アノマロカリス、ハルキゲニア、オパビニアそ

図D

億年前		
45	先カンブリア時代	
		冥王代
40		
		太古代
25		
		原生代
5.5	顕生代	
		古生代
2.5		
		中生代
0.65		
		新生代

図E

		億年前
古生代		5.5
	カンブリア紀	
		5.0
	オルドビス紀	
		4.4
	シルル紀	
		4.1
	デボン紀	
		3.6
	石炭紀	
		2.9
	ペルム紀	
中生代		2.5
	三畳紀	
		2.0
	ジュラ紀	
		1.4
	白亜紀	
新生代		0.65
	第三紀	
		0.017
	第四紀	

の他その他。グールドはバージェスの動物相のキミョウキテレツさを異質性（基本設計プラン自体の多様性）というコトバで表現し、カンブリア紀の動物相の異質性は現生動物をはるかに上回って、史上最大であったと主張した。

　さらに生き残って現生の生物の祖先になったものも、単に運がよかっただけで、絶滅したものに比べすぐれていた（適応的）わけではなかったと強調した。絶滅したものは単に運が悪かっただけである（非運多数死）というグールドの考えは、彼が並のダーウィン主義者でないことを示していて興味深い。

　前述のコンウェイ・モリスは、グールドの考えに反対して、カンブリア紀の異質性の程度は現在と同じだと主張した。現生の節足動物は鋏角類《きょうかくるい》（クモ、サソリ）、甲殻類（エビ、カニ）、単肢類（昆虫、ムカデ）の3つの基本パターンに分類できると考えられている。それに古生代末まで繁栄した三葉虫類を加えれば、[注2]適応放散して多様化したグループは4つある。

　グールドはバージェスの化石中にはこれ以外にも少なくとも20種類の節足動物の基本パターンがあったと考えたのだ。だから、異質性は進化史の初期に極大であったというわけだ。これに対しコンウェイ・モリスは、バージェスの節足動物の大半は前述の4つの基本分類群に収まり、さらには三葉虫は鋏角類の1グループにすぎないと考えた。たとえばオダライイアという、グールドがユニークな節足動物と考えたものは、コンウェイ・モリスによれば真正の甲殻類であるという。

異質性の問題は、系統と分類はどこがどう違うのかとか、そもそも人間が生物の基本パターンを認知するとはどういうことかとか、基本設計プランは実在するのかといった、存在論と認識論にまたがる大問題がからみ、議論しだすと残りの紙幅を全部使っても終わらないだろうから、別の機会に譲らざるを得ない。

ここでは、複雑になって拘束性を強めていったシステムと、そのシステムのもとになった簡単なシステムが、同質なのだと考えること自体が問題なのだと指摘するにとどめたい。

変異が許容された時代があった

いずれにせよ、カンブリア紀になって急激に生物の多様性が増大したことは確かである。外的な原因はいくつか挙げることができる。ひとつはV／C境界で原生代の生物相が崩壊し、生態系に大きな空白ができたこと。ひとつはV／C境界で栄養源が大きく変化したこと。ひとつはエディアカラ生物群ではほとんど見られなかった動物食の捕食者が出現したこと。捕食者の存在は群集組成を複雑にする効果がある。しかし外的な原因だけでは進化は起こらない。カンブリア紀の大爆発も、突然変異と自然選択というおなじみの図式で説明できるのだろうか。グールドは新奇な進化メカニズムを想定することなしには説明できないと考えており、コンウェイ・モリスはこの考えに否定的だ。

もし、新奇なメカニズムがあるとしたらそれは何だろう。ごく最近、熱[注3]ショックたんぱく質、HSP90に初期発生や形態形成に関する異常を隠す機能があることが見いだされた（ルターフォードら、1998）。矢原一郎（1999）は、カンブリア紀の大爆発は、HSP90の存在下で隠れた変異が蓄積し、何らかの環境変動によって一気に具現化することにより起こるのではないかと述べた。この考えはたいへん魅力的であるが、爆発的多様化がなぜ他の時代ではなく、カンブリア紀に起きなければならなかったかを説明しない。

グールドは「がらくた箱モデル」を提唱し、バージェスの動物はさまざまな形質を自由に組み合わせることができる遺伝的柔軟性を持っていたのではないかと推定している。この考えはさすがになかなかの慧眼《けいがん》であると私は思う。

私見によれば、多細胞生物の初期のシステム（たとえば、ゲノムシステム）は拘束性が強くなく、さまざまな変異が許容されたが、システムの構造化が進むにつれて、許される変異の幅が狭くなり、珍奇な生物を出現させる余地が少なくなったのではないかと思われる。この考えの背景にはもちろん、変異はランダムではなく、システムによりある程度拘束されているという構造主義生物学的な思想がある。

グールドの非運多数死はある程度はそのとおりであると思うが、不安定なシステムは変異を起こしやすく、急激に（いくつかの）安定なシステムに進化すると考えれば、バージェスの怪物の一部は、系統をたどれぬほどの速度で別の生物に進化したのかもしれない。

構造主義生物学的に解釈した大進化とは、不安定になったシステムが変異を起こしやすくなって多様化すると同時に安定化し、さらにこの内の一部がなんらかのバイアスにより不安定化して多様化し、再安定化するサイクルとして理解できる。このような繰り返しは、安定なシステムを再生産させると同時に、高次のシステムを出現させるだろう。生物の一部が高等になってゆく（システムが複雑になる）のはシステムの特性であって、ランダムな変異に自然選択が働くためではない。

進化に何らかのトレンドがあるかどうかは大問題で、グールドは『フルハウス　生命の全容』（早川書房）の中で、進化は変異の増大であって、進歩とか高等化とか複雑化といったトレンドは存在しないと述べた。

高校の教科書にはアンモナイトの隔壁の縫合線が単純から複雑になった例（実教出版、教育出版）、ウマの方向的進化の例（三省堂、第一学習社、実教出版、啓林館、数研出版）がでている[注4]が、グールドによれば前者はたまたま初期のアンモナイトの縫合線が単純だったところから発した見かけ上の現象であり、後者は現生のウマ以外がたまたま滅んだ結果生じたこれまた見かけ上の現象にすぎない。この2つの現象に関してはグールドの言うとおりだろう。

しかし、生物のシステム自体に対しグールドの考えが成立するかどうかは微妙な問題であろう。システムの特性としてシステムは単純になるよりも、複雑になるほうが簡単なのだろうと私は思う。最初の生物は現生のバクテリアよりもさらに単純な生物だったと思われるが、それは複雑化のトレンドの中で進化し、もとに戻ることができなかったのであろうから。

生き残りは偶然でしかない

最後に大絶滅の話をしよう（図E）。大規模な同時絶滅はカンブリア紀以後5回あった。オルドビス紀末（4・4億年前）、デボン紀末（3・6億年前）、ペルム紀末（2・5億年前）、三畳紀末（2億年前）、白亜紀末（6500万年前）である。最大規模の大絶滅はペルム紀末で（海産無脊椎《むせきつい》動物の95％が絶滅した）、次いで白亜紀末の大絶滅が有名である。これらとは別に原生代末（5・5億年前）にも最大規模の大絶滅があったらしい。

大絶滅に関しては教育出版『生物II』が最も詳しく、大絶滅の後に生物相の再編成が起こることが述べてあるが、絶滅の原因については触れてない。啓林館、数研出版、実教出版、大日本図書、東京書籍などの教科書でも、ペルム紀末や白亜紀末の大絶滅について述べてあるが、原因については全く述べてない。

しかし、近年のこの方面の研究はめざましく、白亜紀末＝K／T境界の大絶滅は大隕石《いんせき》の衝突によるものであることはほぼ確実のようだ。隕石の衝突した場所も特定されている（メキシコ・ユカタン半島チシュルーブ）。最近の研究によると、この隕石は小惑星起源であるらしい（カイト、1998）。隕石の衝突によりクレーターから大気中に放出されたダストは太陽光をさえぎり、光合成を阻害したことが大絶滅の直接の原因であるとされる。

ペルム紀末＝P／T境界（および、おそらくV／C境界）の大絶滅は、超大陸[注5]の成立とそれに引き続く分裂開始に伴う、地球規模の環境激変が原因だと考えられる。超大陸の形成がはじまると気温が低下し氷河が発達し、海水準が下がる。これは海産生物の絶滅を引き起こす。超大陸が形成されると、今度は一転してこれを分裂させる運動が起こり、それに随伴する大規模な火山活動により大量の有害物質やダストが大気中に放出されると考えられている。

丸山・磯崎（1998）によれば、これらは生物を直接的に殺害するとともに太陽光をさえぎり光合成を阻害し、海洋貧酸素事件を引き起こす原因になるという。海洋中に酸素がなくなれば、当然、酸素呼吸型の生物は絶滅する。

生物の進化は、おそらく生命システムの安定化、不安定化、再安定化、複雑化といった内的な要因と、地球上に起こる環境激変による大絶滅といった外的な要因の相関の結果なのだろう。そこではいかなる生物が生き残るかはほとんど偶然に左右される。

しかし、生命システムは複雑なシステムを不可避につくりだすと考える私の立場からすれば、歴史を再び繰り返してやれば、相応に複雑で高等な生物が出現してくるに違いない。もちろんそれはヒトでも、哺乳類《ほにゅうるい》でも脊椎動物でもないかもしれないけれど。

1. Morris, Simon Conway（1951〜）イギリスの生物学者。
2. 進化の過程で、生物が異なった環境に適応し、多数の異なった系統に分かれていく現象。
3. 第20章参照。
4. 絶滅した軟体動物頭足類の一群（アンモナイト亜綱、アンモナイト目）。古生代デボン紀に出現し、中生代白亜紀まで繁栄した。
5. 大陸は何億年というスパンで離合集散を繰り返し、ほとんどの陸地が集合した巨大大陸を超大陸という。ペルム紀末の超大陸は「パンゲア」と名づけられている。

summary 第7章のまとめ

【進化パターンと大絶滅】

約10億年前に出現した多細胞生物は、海中での酸素濃度の上昇に伴って、6億年前ごろから一気に多様化する。先カンブリア時代の末にはエディアカラ生物群と呼ばれる外骨格をもたない無脊椎動物の一群が出現した。

カンブリア紀に入ると、生物は爆発的に多様化し、現生の動物の祖先型はほぼすべて出現し、さらに現在からみて所属不明の多数の動物群が出現した。これらの動物群が、現生動物の枠をはみ出る真に奇妙なグループなのか、それとも現生動物の枠の内にほぼ収まるのかについては議論が分かれる。

カンブリア紀以後も、徐々に複雑で高次な機能をもつ生物が現れてくるが、進化は単純から複雑へというトレンドを含めて、何らかの方向性をもつのか、それとも、単にランダムな変異の増大に伴う結果として、複雑な生物が出現してくるのかについても議論は分かれる。

化石の記録によれば、生物には形態が長期にわたり比較的安定な時期と急激に形態変化を起こす時期がある。生物のシステムが外部からの強いバイアスや何らかの内的要因により不安定になると、システムにはさまざまな変異がおきて多様化し、再安定化を獲得した生物はしばらくの間生存すると考えられる。この観点からは、生物の進化とは、生命のシステムの不安定化、多様化、安定化、再不安定化といったサイクルのことと解される。

生物群集は時に地球環境の激変により大規模な同時絶滅（大絶滅）を起こす。先カンブリア時代の末（５・５億年前）の大絶滅を含めると、大絶滅は６回あり、中でも最大規模のものは先カンブリア時代末とペルム紀末（２・５億年前）の大絶滅、次いで白亜紀末（６５００万年前）のそれである。前二者は超大陸の形成とそれに引き続く分裂による環境激変、後者は大隕石の衝突によるカタストロフィーが原因だと考えられている。

大絶滅が起こると生態系のかなりの部分に空白ができ、生き残った生物が空白を埋めるべく多様化すると思われるが、内的なメカニズムについては具体的なことは何もわかっていない。

第8章

生物多様性

生物学的多様性（バイオロジカル・ダイヴァーシティ）、略して生物多様性（バイオダイヴァーシティ）は今や流行語となり、「生物多様性を守れ」という標語は、自然保護の錦《にしき》の御旗《みはた》のごとくなっているが、そもそも多様性とは何か、ということからして実はひと筋縄ではいかない問題をはらむのである。

東京書籍の『生物II』は「生物の分類」の大項目の下で、生物の多様性について、次のように述べている。

地球上には多くの種類の生物が生きている。生きているものには、すべてに共通な生命現象が見られるので、それを追究するのは生物学のひとつの目的である。また、一方で生物が見せる多様性がなぜ生じたのかを追究するのももう一つの目的である。

地球上には、生物という単一の生き物がいるのではなく、何百万種もの多様な生物が生きている。これまでに記録され、おおかたの生物学者によって認められている生物の種は約150万種といわれるが、地球上にはまだ記録されていない種が数多く生きている。

生物の自己複製がすべて完全に行われるなら、地球上に生存する生物の種の数は変わらないはずである。しかし、自己複製のさいにごくわずかの差が生じるために、個体ごとに性質がわずかずつ違うようになる。これを変異という。また、種も不変ではなく、長い時間をかけて変化している。この種が変化することを種分化という。
生物の進化は長い時間をかけて進行する。種は分化してからの歴史が長ければ長いほど、それよりあとに分化した種との差が大きいはずである。したがって、生物界にみられる多様性は生命の長い歴史を反映している（東京書籍・生物Ⅱ）

いささか長く引用したのは、これが参照した8つの『生物II』の教科書の中で、生物の多様性について述べてある最もまとまった記述であることの他に、正統的な考え方をよく反映しているからである。生物多様性とは普通は種数多様性の意である。ネオダーウィニズムの考えでは種分化の根拠は、個体の遺伝的変異にある。たくさんの遺伝的変異の上に自然選択が作用して、変異が多少とも離散的になって種分化が起きると考えるからである。

このようにして種分化が次々に起きた結果、種のまとまりである高次分類群が事後的に定まると考えるわけである。前章で書いたように、古生物学者のグールドは、カンブリア紀のバージェス頁岩《けつがん》の動物たちの考察から、門（界の次の大分類群。ちなみに分類群は上から、界、門、綱、目、科、族、属、種となる。30ページ参照）の数は進化史の初期に最大で、しかもその進化メカニズムは、現在の進化メカニズムと異なるのではないだろうか、と主張した。この考えは、すべての進化は遺伝子の突然変異と自然選択（あるいは遺伝的浮動）に還元できると考えるネオダーウィニズムからははるかに離れた説である。

自然選択は「結果」である

構造主義生物学は、高次分類群は明確な起源をもち、それは高次分類群を高次分類群たらしめるシステムの定立であると主張する。システムの定立は、生体を構成するさまざまな高分子の関係性の変化であり、遺伝子の突然変異に還元できない。遺伝子はシステムを構成する部品にすぎず、システムをつくっているわけではない。ひとたびシステムが定立すると、このシステムの下で可能なさまざまな生物（具現形態）が出現するとともに、個々の生物は自分の帰属するシステムの枠を逸脱することが困難になる。すなわち、システムは強い拘束性をもつ。

既存のシステムは、システムをつくるのに必要な資源をすでに収奪しているという意味において、新しいシステムの出現を抑圧する。既存のシステムと矛盾する全く新しいシステムの出現は難しくなり、通常は既存のシステムとは矛盾しないで、これを複雑化するシステムが、既存のシステムの中から出現するだろう。たとえば、脊椎《せきつい》動物の中から哺乳類《ほにゅうるい》や鳥類が現れてきたように。

システムの複雑化は一面では、生物の多様化を促すと同時に、全く新奇な生物の出現を困難にする。カンブリア紀以後、新しい門の数は減少することはあれ、増えることはなかったのに対し、科の数は徐々に増大していることは、この観点から説明することができる（科数の歴史的な変遷《へんせん》は教育出版『生物Ⅱ』にでている）。

もちろんシステムは個体の中にあり、プラトンのイデアのごとく個体を離れて実在しているわけではない。したがって、あるシステムが封緘《ふうかん》されているすべての個体が死ねば、システム自体もまた消滅する。たくさんの具現形態と個体数を擁するシステムは、絶滅する恐れが少なく、わずかの具現形態と個体数しか擁さないシステムの絶滅確率は高くなるだろう。グールドが述べた、バージェスの高次分類群の非運多数死は、このような事例と解せる。反対に、多様な生物を含む高次分類群が絶滅しづらい理由もここにある。

ひとたび具現した生物の個体数の増減や全滅を、自然選択または遺伝的浮動の名で呼ぶのは自由である。しかしそれはシステムの定立には何の関与もしていないプロセスにすぎない。自然選択は進化の原因ではなく結果なのである。

生物の多様性を考えるときには、種数多様性ばかりでなく、その根拠である高次分類群というシステム自体の多様性（すなわち異質性）についても考える必要がある。構造主義生物学は、この2つはレベルも形成原因も違うと考えるわけである。さらには同じ種類組成であっても、種による個体数の分布パターンが違えば、別の群集であろう。

たとえば、A、B、Cの3種からなる群集があるとして、Aが90％の個体数を占め、B、Cが5％ずつの群集と、3種が同数の群集とでは明らかに性質が違う。群集自体の多様性もまた種数多様性に還元できない。また同一の種に属する個体でも、それぞれ個性があると同時に、環境が違えば、ふるまいも違うわけで、生物の多様性とは何かという問題は、考えれば考えるほどわけがわからなくなる。しかし、わけがわからないだけでは話はすすまないので、以下、主として種数多様性について述べてみたい。

生物の種がどうしてこんなにたくさんあるのかという問いは、進化論や分類学だけの問題ではなく、生態学の問題でもある。問うべき本質的な問いは2つある。ひとつは、ある高次分類群の下で出現してくる生物種の数に違いがあるのは、高次分類群に固有の原因があるためなのか、それとも単なる偶然にすぎないのか。ひとつは、地域により生息する種数に著しい偏《かたよ》りがあるのはなぜか。特に熱帯にむやみに生物種がたくさんいる理由はなにか。

昆虫だけがなぜ極端に多い？

ウィルソン[注1]（1992）によれば、現在知られている現生生物の種数は約141万、そのうち昆虫だけで75万、その他の動物28万、高等植物25万、菌類7万、原生動物3万、藻類2・7万、それ以外5000である。高校の教科書で、分類群別の種の数を載せているのは啓林館の『生物II』だけであった。

昆虫の種の数は極端に多く、テリー・アーウィンの推定によると、熱帯雨林だけで3000万種に近いとのことだ。その中でも、鞘翅目《しょうしもく》（甲虫類）、膜翅目《まくしもく》（アリ、ハチ）、鱗翅目《りんしもく》（チョウ、ガ）、双翅目《そうしもく》（ハエ、カ）がとくに多く、極言すれば、全生物種の半数は、この4つの目に属するといってよい。しかし、特定のグループの種数がなぜ多いのか、という問いはほとんど発せられることはない。

確かに昆虫は地球上のあらゆる場所に生息し、極めて高度に適応放散したグループだからだ、といった答えはありうる。しかし、なぜそれが、クモでも軟体動物でも脊椎動物でもなく、他ならぬ昆虫であるのか、という問いはネオダーウィニズムのパラダイムの埒外《らちがい》にある。遺伝子の突然変異と自然選択（と遺伝的浮動）によって種分化が起きるという一般理論しか有していないネオダーウィニズムの枠組みでは、ある分類群の種数が多いのは歴史的偶発事にすぎない。

構造主義生物学は当然このような考えをとらない。昆虫の種数が多いのは、昆虫というシステムの特性だ、と考えるのである。昆虫というシステムが定立した時点で、他の分類群に比べてはるかに膨大な種数を擁するようになることは、潜在的にはほぼ約束されていたと考えるわけだ。

たとえば、種をコードするある程度安定的なゲノムの変異幅があるとして、それが極めて狭く、かつ多数あると考えればよいわけだ（もちろん、今のところたんなるお話にすぎないが）。いずれにせよ、昆虫の種数がかくも膨大なのは、突然変異と自然選択によって種が増えたわけではなく、何かもっと別の根拠があるに違いない、と考えるのが構造主義的なのである。

さて、もうひとつの問い、地域により生息する生物の種数が違うのはなぜか、に対してはたくさんの本や論文が書かれている。それはこの問いが、ネオダーウィニズムの枠組みにさしあたっては抵触しない問いだからだ。ある地域に生息する生物の個々の種類は歴史的偶然だとしても、種数や分類群の数そのものは何らかの要因により決定されているのかもしれない。約３００万年前、パナマ陸橋が出現するまで、南米と北米は独立の大陸で、南米には南蹄類[注2]、滑距類[注3]、火獣類[注4]といった独特な哺乳類が生息していた。当時、南米には32、北米には30の哺乳類の科があった。それがパナマ陸橋により、南米と北米の哺乳類は混ざり合い、科数は南米では39、北米では35に増加し、その後しばらくして南米は35、北米は33に落ち着いた。南米で栄えていた前述の哺乳類は、交流後、相次いで滅んでいった。北米からの侵入者との競争に敗れたらしい。

島に生息する生物の種数に関する研究は、理論化されており、それは大陸から移入してくる種数と、島で絶滅する種数のバランスで決まっているらしい。

すなわち、生息種数が多いほど、絶滅率は高く、移入率は低くなるが、絶滅率は生息種数が同じならば、面積が大きいほど低く、移入率は大陸から離れているほど低い。マッカーサーとウィルソン[注5]（１９６３）によって提唱されたこの理論は、島の生息種数をよく説明するが、もともとの大陸に生息する種数は何で決まるのかといった大問題に対する答えにはなっていない。

緯度が低くなるほど生物の種数が増大するのはなぜか、という問いは群集生態学の最難問のひとつである。生態学はニッチ（生態的地位、第15章参照）の数が増えれば種数が増えることを教えるが、そもそも種が存在しなければ、ニッチもまた存在せず、ここにはニワトリが先かタマゴが先かに類した問題がある。

高校の『生物ⅠB』のほとんどの教科書には生態的地位の解説があり、なかにはこれが生物多様性に深く関係することを示唆《しさ》する記述もある。

生活空間、食物、活動時間などを少しずつずらすことによって、生物間の直接の競争がさけられ、多くの生物が共存することが可能となっている（東京書籍・生物ⅠB）

ニッチが次々とニッチをつくりだすことは確かである。たとえば寄生生物は寄主がいなければ存在しない。その結果、ニッチは細かく特殊化して、それを担《にな》う生物もまた、小型化してその分布は局所的になる。熱帯雨林の林冠の多様性は[注6]、大部分このような生物によって担われている。しかし、なぜそれが温帯ではなく、熱帯で極端に激しく起こるかについては依然として不明のままだ。

有力な考えのひとつに、太陽光が十分にある熱帯では、森林の層構造が発達し5層になって複雑になり、森林の総生産量が増大し、これが多様性を支える、というものがある。[注7]しかし、5層に1種ずつの樹木であってもいいわけで、これは本質的な理由にはなり得ない。種数多様性が高いほうが群集が安定であるからという議論もあるが、数理生態学からの結論はこの命題に否定的である。さらには熱帯雨林やサンゴ礁《しょう》は物理的環境が安定であるからとの説も、適度な攪乱《かくらん》があるほうが多様性は高くなるとの反論があり、はっきりしない。

複雑・多様化するトレンドがある

私としては次のように考えたい。生物というシステムは複雑化し、多様化するトレンドを有する、とまず考えるのである。これはシステムの基本特性であって、自然選択は付随的な要因にすぎない。昆虫の科数は地質時代を通じてほぼ一定の割合で増加し、三畳紀には約100であったが、現在では1000に近い。前章で述べたように、大規模な環境変動は、ある地域の生物多様性を根こそぎにしてしまうことがある。周りに同じような環境の生物相が残っていれば、移入により多様性はすみやかに回復するが、ほぼ同一の環境の生物相が根こそぎにされた場合は、多様化は途中からやり直さなければならず、回復には長い時間がかかる。

熱帯雨林は1億5000万年前以来、かなり広範囲に存続してきた。それに対し、寒帯林や温帯林は、大規模な氷期にほぼ根こそぎ消滅している。ウィルソンは『生命の多様性』（岩波書店）の中で長期にわたって環境が安定な深海底の生物多様性が、驚くほど高いことを述べている。傾聴に値する話である。もっともウィルソンと私とでは、依《よ》って立つ根本理論が全く違うけれども。

1．Wilson, Edward Osborne（1929～）アメリカの社会生物学者。アリ類の世界的権威としても有名。
2．&3．&4．最終氷期が終わった約1万年前、第四紀の更新世から完新世に移る頃に絶滅した大型哺乳類。
5．MacArthur, Robert Helmer（1930～1972）アメリカの生態学者。情報理論を生態学へ適用し、種数・個体数関係モデルをはじめ、多くの数理モデルを発表した。
6．たくさんの樹木の枝や葉がすき間なく接して形成されている森林の上層部をいう。
7．植物が一定期間内に光合成によって作り出した有機物の総量。

summary　第8章のまとめ

【生物多様性】

地球上には種々さまざまな生物が、多様な環境の下で生息している。生物多様性とは、普通は種数多様性のことであるが、同種の個体にも個性があり、さらにそれらが一緒に生活する生物群集にもそれぞれの特徴があり、生物多様性は種数多様性だけに還元できるわけではない。

また、生物の基本設計プラン自体の多様性（異質性）も生物多様性の大きな要素である。生物多様性が生じる根本原因は進化にあるが、異質性を生じさせる進化メカニズムと種数多様性を生じさせる進化メカニズムが、同じか異なるかについては議論が多い。

現在、地球上で知られ学名がついている生物種の数は約１５０万種であるが、実際には少なくともこの10倍以上の種が生息していると推定されている。その中で極端に種数が多いのは昆虫類で、昆虫だけで３０００万種ほどいるのではないかと推定している人もいる。また、それらのほとんどは、熱帯雨林の林冠に生息している。

なぜ、特定の分類群に偏って種数多様性が高いのかという問題と、なぜ特定の地域に偏って種数多様性が高いのかという問題は、生物多様性に関する2大難問で、定説はない。

前者に関しては、単なる歴史的偶然だとの考えと、特定の高次分類群はシステムの特性として他の分類群よりも種分化を起こしやすいとの考えがある。後者に関しては、何らかの根拠があるとする点でおおかたの意見は一致するが、根拠は何かという点に関しては議論が多い。

一般に資源量が大きく、それを利用する種の生態的地位が細かく分割されていればいるほど種数は大きくなる。熱帯雨林でこのことが起こりやすい理由としては、太陽エネルギー量が多いことと、地質学的な時間幅で生態系が完全破壊を免れてきたことの2つが有力であると考えられている。

第9章

相同とは何か

ヒトの手とトリの翼は相同で、トリの翼とチョウの翅《はね》は相似である、というぐらいのことは、高校の「生物」を習ったほどの人ならば、だれでも知っているかもしれない。相同（ホモロジー）とは異なった生物の体の中に対応する同じ器官があることであり、相似（アナロジー）とは同じ機能を担《にな》う別の器官があることだ。

現在の高校の教科書では、相同と相似は『生物II』の中の「進化の証拠」の項目の下で扱われている。

ヒトの手・ホ乳類やハ虫類の前肢・鳥類の翼などを比べてみると、これらは外観やはたらきがたいへん異なるが、骨の構造を比較すると、たがいによく対応しており、指の数も鳥類以外はみな5本である。

このように、異なった形態を示す器官が発生過程や構造のうえで、基本的に同じものとみなすことができる場合、これらの器官を相同器官という。

相同器官は、祖先がもっていた共通の器官が、それぞれの生物の生活と密接に結びついて進化した結果生じたと考えられる。

一方、鳥類の翼と昆虫類のはねのように、同じようなはたらきと形態を示す器官が基本的に異なる起源をもつとみなされる場合、相似器官という（数研出版・生物Ⅱ）

参照した8つの教科書はすべて相同の例として脊椎《せきつい》動物の前肢（トリ、クジラ、ヒト、コウモリ、ワニなど）を図示しており、相同についての記述も大同小異である。相似については言及していない教科書もある（たとえば、実教出版、第一学習社など）。少し気になったのは、起源が同じであるが形態が異なる器官のみが相同器官である、と誤解しかねないような記述が多かったことである。もちろん、イヌとオオカミの脚のように形態がほとんど区別できない器官も相同器官である。

相同と相似の概念を生物学に導入したのは19世紀のイギリスの比較解剖学者、R・オーエン[注1]である。さらにはオーエンより少し若いドイツの比較解剖学者のK・ゲーゲンバウル[注2]である。

彼らの相同の概念は現在のそれとは少し異なる。異なる生物の間で見られる器官の対応関係は特殊相同と名づけられた。それに対し一般相同というのがあった（ここではこの語をゲーゲンバウル的な意味で使う。それはオーエンのターミノロジーではほぼ系列相同＝順列相同に当たる。オーエンもまた一般相同を定義しているがそれはゲーゲンバウル的な意味とはちょっと違う。その話は長くなるのでここでは割愛する）。一般相同とは同一の生物の体内で構造を同じくする諸器官の対応関係のことだ。たとえば、手と足、背骨の繰り返し構造などである。

進化論の普及に伴い、相同は特殊相同のみを指す語となり、同時に、起源を同じくするという含意が成立した。その結果、相同は厳密には実証不能な概念となった。ヒトの手とクジラのヒレは骨の位置ばかりでなく数までもほぼ対応がつき、形態学的には相同であることは自明であるが、起源が同じであるかどうかは厳密には実証のしようがない。

相同という概念に進化論のバイアスがかかりはじめると、一般相同という概念も消えてしまった。ヒトの手と足の起源が同じであるかどうかという命題は、進化論的な文脈では意味をなさないからである。

ヤツメウナギのエラとヒトのアゴ

ところで、相同という形態学的な現象が生じる原因はなんだろう。それはごく素朴に考えれば、2つの相同な器官においてほぼ同じ形態形成原理が働いているからであろう。起源を同じくするというのは、この原理が祖先の生物から遺伝されて、別々の生物に保存されていることを意味する。

しかし、相同なのは個体でも細胞でもなく、あくまで器官であるから、細胞の内に封緘《ふうかん》されている形態形成原理がある細胞群に作用して、相同な器官が作られるわけだ。ということは、この原理が同じ生物の別の細胞群に作用して、構造が同じ器官が作られることもあるわけで、そう考えれば、特殊相同も一般相同もそんなに違うものではないことになる。むしろ、一般相同を無視しては相同現象の理解はおぼつかない。

それでは、相同の原因であると思われる形態形成原理ってなんだろう。それが遺伝子に全部還元できるのであれば、私は構造主義生物学などという看板をとっとと降ろし、余生を遊んで暮らすことができるのだが、残念ながら、事はそう単純ではないのだ。その話の前に、まずは脊椎動物のエラとアゴの進化の話から始めよう。

脊椎動物に無顎類《むがくるい》（亜門）という仲間がいる。古生代に出現した最初の魚類でアゴがない。大部分は古生代に滅んでしまったが、今でも生き残りの奴《やつ》がいる。ヤツメウナギがそれだ。目の後ろにエラ穴が7つあいていて、目と合わせて8つで、それでヤツメウナギという。エラ穴とエラ穴の間には鰓弓《さいきゆう》という骨があり、脊椎動物のアゴはこの鰓弓が変形したものだと言われている。

われわれのアゴはヤツメウナギのエラとは似ても似つかぬものであるが、無顎類のすぐあとに出現した最初の有顎類である板皮綱《ばんぴこう》（古生代の末に絶滅）のアゴは鰓弓と大差ない形をしており、エラとアゴが相同だということがよくわかる。同じ個体のエラ同士は一般相同であり、ヤツメウナギのおそらく3番目の鰓弓と有顎類のアゴは特殊相同である。

それでは同じ個体のアゴとエラの関係はなんと呼ばれるのか。残念ながら名前はついていないようであるが、これは一般相同的でもあるし、特殊相同的でもある（仮に、一般異型相同とでも名づけておこう）。

形態学（モルフォロギー）という語をつくったゲーテ[注3]は、生物の形態を原型とそのメタモルフォーゼ（変形）という2つのキーワードで整理しようとしたが、ゲーテ的なものいいをすれば、特殊相同は、系統発生の間のメタモルフォーゼの結果であり、一般異型相同は個体発生の間のメタモルフォーゼの結果である。個体発生の間におけるメタモルフォーゼがなければ、特殊相同もまた生じないわけで、この2つの相同は実は密接に関係しているのである。

アゴのすぐ後ろの鰓弓はサメなどの魚類では舌骨弓になり、背側の舌骨弓を舌顎軟骨と呼ぶ（腹側のは角舌軟骨）。ところで、魚類には中耳はなく、両生類、爬虫類《はちゅうるい》、鳥類には中耳はあるが、哺乳類《ほにゅうるい》にある中耳の中の3つの耳小骨はなく、ひとつの耳小柱があるだけである。この耳小柱は実は舌顎軟骨と相同なのだ。そして哺乳類の耳小骨の一番奥のアブミ骨とも相同なのである。

すると哺乳類の耳小骨の残りの2つ、アブミ骨の手前のキヌタ骨と一番手前のツチ骨は何からできたかということになる。結論から言うと、キヌタ骨は魚の上アゴの関節部分の骨（方形骨）、ツチ骨は下アゴの関節部分の骨（関節骨）と相同なのである。

これは19世紀の前半にライヘルトが唱えた説[注4]で、20世紀の初頭ガウプによって比較形態学的手法により徹底的に検証された。高校の『生物IIB』の教科書には例外なく耳の構造が載っているが、ライヘルト・ガウプ説についてふれているものはない。

ところで、この説はリジリら（1993）によってライヘルトが提唱して以来150年ぶりに分子生物学的手法により検証されるが、それを説明するには、形の決定に関与する遺伝子について述べねばならない。

形態と遺伝子の相同は違う

真核生物のゲノム中に広く見られる遺伝子にホメオボックス遺伝子があり、ホメオボックスと呼ばれる共通領域（DNAの塩基配列）を有している。この遺伝子は他の遺伝子の発現を制御すると言われており、一般的には形の決定に深く関与している。たとえば、ショウジョウバエのホメオティック・セレクター遺伝子（群）は、第3染色体上の2カ所に群をなして存在し（この群をクラスターと呼ぶ）、ショウジョウバエの体節の形態を決定している。

クラスターには上流から下流に向かって遺伝子群が並んでいて（上流から下流に向かってDNAの情報が読み取られる）、体の後方の体節ほど、より上流からの遺伝情報に支配されている。別の言い方をすると、より後方の体節ほど、たくさんのホメオティック・セレクター遺伝子の支配を受け、前方の体節ほど、より少ない遺伝子しか関与していないことになる。

ショウジョウバエにウルトラバイトラックスという突然変異がある。通常、ショウジョウバエの中胸には立派な1対の翅が生えるが、後胸の翅は退化して棒状（平衡棹と呼ばれる）になる。ところが、この突然変異が起こると、後胸が中胸と同じ形になり、立派な翅が4枚生えたショウジョウバエができる。

先の私の言い方を使えば、一般異型相同が、ただの一般相同に戻ったわけだ。どうしてこういうことになるかというと、後胸の形態発現に関与するほどには上流にあったが、中胸の形態発現には関与していなかったホメオティック・セレクター遺伝子のひとつが機能不全を起こしたからだ。その結果、後胸の形態発現に関与する遺伝子の組み合わせは、中胸のそれと同じになり、後胸は中胸化したのである。

さて、脊椎動物にもショウジョウバエのホメオティック・セレクター遺伝子と同じような塩基配列をもつものがあり、ホックス遺伝子と呼ばれている。ホックス遺伝子もまたクラスターをなしているが、同じようなクラスターがゲノムの中に4つあることがわかっている。これはひとつのクラスターが脊椎動物の進化過程で重複した結果だと考えられている。

このように同じ生物のなかで起源を同じくする遺伝子同士は、パラローグ遺伝子群と呼ばれる。それに対し、ショウジョウバエのホメオティック・セレクター遺伝子と脊椎動物のホックス遺伝子のように、別の生物の中の相同遺伝子は、オーソローグ遺伝子群と呼ばれる。前者は遺伝子における一般相同、後者は特殊相同である。

もっとも、遺伝子の相同と形態の相同は実は全く異なる概念であって混同してはいけない。それは、遺伝子は物質として直接的に遺伝され、受精卵の中でさえ遺伝子の相同という概念は有効であるが、形態の相同性は個体発生を抜きには考えられないことからも明らかである。

遺伝子は道具に過ぎない

さて、ホックス遺伝子の発現機序もショウジョウバエのホメオティック・セレクター遺伝子と同様である。アゴのすぐ後ろの舌骨弓はＨｏｘａ-2という遺伝子のみの支配をうけ、アゴはいかなるホックス遺伝子の支配もうけていない。別の言い方をするとホックス遺伝子が全く機能しないとエラはアゴになるらしいということである。そこでＨｏｘａ-2を破壊してみるとどうなるか。今述べたことが正しければ、アゴが2つ並ぶはずだ。

リジリらはマウスでこの実験を行い、本来舌骨弓（アブミ骨とライヘルト軟骨）が発現する位置にキヌタ骨、ツチ骨などが発現したと報告した（ただし、下顎骨は現れなかった。この理由について詳述する紙幅はない。倉谷滋『かたちの進化の設計図』岩波書店、を参照されたい）。この実験が、キヌタ骨とツチ骨はアゴの骨に由来するというライヘルト・ガウプ説の検証になっているのは、おわかりであろう。

以上をまとめると、一般相同から一般異型相同を起こすには、遺伝子の発現機序を変えればよいことになる。ならば、（特殊）相同もまた、遺伝子の発現機序の同異に還元できるかと言えば、そう言ったとたんに形態の相同の本質は見失われてしまうだろう。相同な遺伝子（群）が別々の生物において相同でない器官の形成に関与していたり、（特殊）相同な器官が別の遺伝子によって作られているといった例がたくさんあるからである。

たとえば、パックス6遺伝子とアイレス遺伝子という相同な遺伝子は昆虫の目と脊椎動物の目という相似器官の形成に関与しており（相同な遺伝子が相似器官を作っている）、ヒトの血球分化とショウジョウバエの背軸決定機構に関与する遺伝子群はそっくりそのまま同じである。逆に嗅《きゅう》神経や嗅球の正常な発達に関与する遺伝子はマウスとヒトでさえ違うらしい（非相同な遺伝子が相同な器官を作っている）。

遺伝子は相同という現象をひきおこす原因ではなく道具なのである。同じものを作るには同じ道具のほうが便利には違いないが、いざとなったら別の道具だってかまやしないのである。それでは相同の原因は何か。

それは現在のところ、遺伝子を巻き込んだ形態形成システムとでもいうべきルールであると解すほかはない。あるいは遺伝子が情報だというのであれば、情報の解釈系とでも呼ぶほかはない。

それは細胞の文化と伝統として、徐々にルールを変えながら細胞分裂を通して遺伝している。相同を基底で支えるのはこのような関係性であって、実体としての遺伝子ではないことは確かなように私には思われる。

1. Owen, Richard（1804～1892）イギリスの比較解剖学者。始祖鳥やモアの化石の研究で有名。またダーウィンの進化論に反対したことでも著名である。
2. Gegenbaur, Karl（1826～1903）ドイツの比較解剖学者。脊椎動物の四肢の起源などを研究した。
3. Goethe, Johann Wolfgang von（1749～1832）ドイツの詩人、作家であるとともに、自然科学の領域でも多くの業績を上げた。
4. Reichert, Karl Bogislaus（1811～1883）ドイツの動物学者、解剖学者。

summary　第9章のまとめ

【相同とは何か】

脊椎動物の肢のように、見てくれの形が同じであろうと異なっていようと、形態学的に対応がつく器官を相同器官という。逆に脊椎動物の目と昆虫の目のように機能は同じでも、対応関係が存在しないものを相似器官という。

相同には、別の生物の中に同じ構造の器官がある場合と、同じ生物の中に同型の器官がある場合がある。たとえば、前者はヒトの手とクジラのヒレの間の関係で、特殊相同と呼ばれ、後者はヒトの手と足の間の関係で一般相同と呼ばれる。

特殊相同の古典的な例は、ヤツメウナギなどの無顎類のエラと、普通の脊椎動物（有顎類）のアゴである。さらには、哺乳類の耳小骨のうちキヌタ骨とツチ骨は、魚のアゴの関節と特殊相同である。聴覚と咀嚼《そしやく》という全く異なる機能を有する器官が相同であることは、進化は新しい機能のために新しい器官を作らずに、すでにある器官を適当に変形して利用することを示していて興味深い。

一般相同の器官が形態の少し異なるいくつかの器官に変化するのは、形態形成に関与する遺伝子の組み合わせの変化による。たとえばショウジョウバエの中胸と後胸、脊椎動物のアゴとエラなどは、その発現に関与する遺伝子の組み合わせが少し異なる。

しかし、相同の原因をすべて遺伝子に還元することはできない。たとえば、パックス6遺伝子とアイレス遺伝子という相同な遺伝子は、それぞれ脊椎動物の目と昆虫の目という相同でない（相似の）器官を作っている。あるいは逆に異なった生物の相同な器官が、全く異なる遺伝子が発現したことにより作られる場合も多い。

進化の過程で生物は、相同性の維持のために、適当な遺伝子を場あたり的に使っているのかもしれない。とすると相同の根本的な原因は、遺伝子とは別のところに求めざるを得ないということになる。

第10章

免疫とは何か

免疫は高校の『生物II』の中でかなり大きな取り扱いをうけている。参照した8教科書のうち6つは「生体防御とタンパク質」の大枠の下で、残りの2つは、それぞれ「生体を防御するタンパク質」(啓林館)、「生体防御のしくみ」(大日本図書)の下で、免疫現象について5~10ページの紙幅を割いている。

生物体には、自分自身(自己)と、自己とは異質(非自己)の物質(これを異物とよぶ)とを見分け、体内へ侵入した異物を排除するしくみがみられる。生物体がもつこのはたらきを生体防御という。これには白血球の食作用によるものもあるが、とくに、脊椎《せきつい》動物ではリンパ球による異物の排除の特別な機構が発達している(三省堂・生物Ⅱ)

これは生体防御の定義であるが、同じ教科書は免疫について次のように述べている。

伝染病などに一度かかると、二度目は軽くすんだり、全くかからなかったりすることは古くから知られていた。元来、このように、一度ある疾病《しっぺい》にかかると二度目はかかりにくくなる現象を免疫とよんでいたが、こんにちでは、免疫ということばは、病原体に限らず、体内に侵入した異物に対する生体防御反応全般をさすことばとしても用いられている（三省堂・生物Ⅱ）

免疫という語の意味が、免疫現象の科学的解明に従って、徐々にずれてきたのは、まさにそのとおりであって、今日、生物学的用語としての免疫は広義には、「白血球およびその関連因子による生体整備機構」と定義され、狭義には、「リンパ球による生体防御機能」と定義される。

広義の定義に従えば、免疫は無脊椎動物にも見られる動物界全体の現象となるが、狭義の定義ではほぼ脊椎動物のみに限定された現象となる。1度ある伝染病などの疾病にかかると2度目はかかりにくくなるという免疫の本来の意味からすれば、免疫の定義は狭義のほうが正しい。本来の意味での免疫は特定の非自己抗原を識別し、それを記憶することによって成立するが、この機能を有するのは脊椎動物だけに見られるリンパ球だからである。

しかし、狭義の免疫現象の成立にあたっても、リンパ球以外の白血球が関与するし、リンパ球がない無脊椎動物でも、自己―非自己の識別ができることから、生体防御機構全般を免疫と定義しても、あながち間違いとも言えず、どちらの定義をとるかは趣味の問題であろう。三省堂、啓林館、数研出版の教科書は、どちらかというと広義の定義を採用し、残りの5つ（大日本図書、東京書籍、教育出版、第一学習社、実教出版）は狭義の定義を採用している。

数研出版の『生物II』には「免疫には、生まれつきもっている自然免疫と、生後獲得していく獲得免疫とに分けられる」との記述がある。獲得免疫は狭義の免疫に相当し、自然免疫は広義のそれにあたる。他の7つの教科書にはこのような記述はない。ほとんどの教科書は狭義の免疫についてだけ述べており、広義の免疫についての記述はないので、その話から始めよう（大日本図書の教科書は無脊椎動物の自然免疫に少しふれている）。

がんは毎日発生している？

脊椎動物にはマクロファージ、好中球、NK（ナチュラル・キラー）細胞などの非特異的な反応（広義の免疫反応）を司《つかさど》る白血球（赤血球以外の血球の総称）があるが、このうちマクロファージと好中球は外部から侵入した微生物を食べて殺している。NK細胞はがん細胞やウイルス感染された細胞など不完全になった自己の細胞を見つけしだい殺している。

　われわれの体には毎日数千個のがん細胞が発生するが、そのほとんどはNK細胞に殺されていると思われる。40歳代の後半あたりからがんが増加するのは、このあたりを境にNK細胞の数が急激に減少するためである。

　ところでマクロファージや好中球の起源は、[注1]原生動物（単細胞の真核生物）の細胞そのものであるらしい。その機能は恐らく同種以外の細胞を食べることにある。種とは何かという議論はすでにしたので（第1章）、ここでは省略するが、少なくとも個体差よりも大きな同一性を認識し、認識できないものに対し無差別攻撃をしかけていることは確からしい。[注2]海綿動物の原生細胞とか[注3]腔腸動物のアメーバ細胞とかは食作用をもち、マクロファージの原始型だと考えられる。昆虫にみられる顆粒《かりゅう》細胞（これは大日本図書の教科書に出ている）も食作用をもち、マクロファージの仲間である。

　NK細胞が認識するのもまた、さしあたっては自己特異性としか呼びようがない。マクロファージが自己に似ていない非自己を攻撃するのに対し、NK細胞は自己に似ている非自己を攻撃する。これらの細胞が何を認識して非自己を攻撃するのかは難しい問題である。攻撃する対象がネガティブにしか規定できないからである。それに対し、リンパ球による自己－非自己認識は、非自己をポジティブに規定することによって行われる。ここから、非自己抗原を識別し、それを記憶するといった芸当が可能になる。

免疫に関与する細胞はすべて骨髄中の造血幹細胞と呼ばれる細胞から分化してくる。幹細胞はリンパ系幹細胞とマルチ幹細胞にまず分かれ、前者からはB細胞、T細胞、NK細胞などが、後者からはマクロファージ、好中球、好酸球、好塩基球、肥満細胞、それに免疫に直接関係ないが赤血球、血小板などが分化してくる。このうち狭義の免疫現象に関与するのは、主としてB細胞、T細胞、マクロファージである。

狭義の免疫現象を支えるのは、B細胞、T細胞の多様性、抗原抗体反応の特異性、そして、その裏面に隠れたあいまいさ、といったものであるが、高校の教科書では、抗原抗体反応の特異性以外はほとんど扱っていないので、まずはB細胞、T細胞の多様性の話から説明しよう。

すべての設計図がそろっている

　リンパ球の多様性の話題は、啓林館と大日本図書の教科書に少し出ているが、説明不足でほとんど理解できるような代物《しろもの》ではない。B細胞は外部から侵入した非自己抗原に対して抗体をつくる。仮に200万種の抗原が侵入してきたとすれば、200万種の抗体をつくらなければならない。抗体はたんぱく質であるから、B細胞中のDNAによってコードされているはずだ。仮にひとつの抗体をコードしている塩基対が2000であるとしよう。もし、それぞれの抗体遺伝子がゲノム中に独立に存在しているとするならば、すべての抗体をコードする塩基対は200万×2000で40億になってしまう。周知のようにヒトのゲノムの塩基対は約30億である。

　この話は何かおかしい。計算が間違っていないならば前提が間違っているに違いない。実は抗体遺伝子は独立に存在していなかったのである。この話は何がすごいかというと、『生物II』にも載っている1遺伝子―1酵素説を原理的に引っくり返してしまうからだ。未分化のB細胞の抗体遺伝子はひとつしかないのだ。それが抗体を産生する細胞（プラズマ細胞という）に成熟する過程で、遺伝子の断片を組み合わせて、多様な抗体遺伝子をつくり出す。未分化B細胞の抗体遺伝子は、たくさんの違ったたんぱく質（抗体）をコードしているわけである。

抗体（免疫グロブリンというたんぱく質）はH鎖とL鎖からなり、ともに個々の抗体ごとに少しずつ異なる可変部（H、Lともに約110のアミノ酸からなる）と変わらない定常部（Lは約110、Hは約330または約440のアミノ酸からなる）からなる。抗体の特異性は可変部の違いにより決まる。抗体の可変部をコードしている遺伝子は、H鎖ではV、D、Jの3領域（L鎖ではV、Jの2領域）をもち、ヒトではそれぞれ、Vは約100、Dは4、Jは4の遺伝子断片を有し、B細胞の成熟の過程で、これらが任意に組み合わさって抗体遺伝子の多様性をつくり出す。L鎖でも同じことが起こり、さらにB細胞の成熟の過程で可変部には点突然変異が頻発することが知られている。このような過程によりB細胞は、あらゆる抗原にあらかじめ対応できる体制をつくるのである。

これはわれわれの一般常識からすると、かなりヘンなやり方である。たとえば工務店は客の注文を聞いて設計図を引く。免疫系はあらゆる客の注文に対処できるすべての設計図をあらかじめもっている工務店みたいなものだからだ。さて、B細胞はあらゆる抗原に対応できる準備をすでにしている。この中には、自分の体をつくっている物質に対する抗体をつくるB細胞もあるはずだ。なのになぜ、普通は自己抗原に対する抗体はつくられないのか。それにはT細胞の多様性の話をしなければならない。

胸腺《きょうせん》でT細胞が教育される

T細胞には免疫グロブリンによく似た抗原受容器が存在し、これをTCR（T細胞受容体）と呼ぶ。TCRにはα鎖とβ鎖で構成されるものとγ鎖とδ鎖で構成されるものがあり、ヒトの血液中の大半はTCR$\alpha\beta$である。α、β、γ、δ鎖をコードする遺伝子はいずれも抗体のH鎖とL鎖をコードする遺伝子と同様に、可変部（V、D、J）と定常部からなり、同様にランダムな組み合わせで多様性を確保している。

さて、TCRは何をしているのか。そのためにはMHC（主要組織適合複合体）の話をしなければならない。MHCはヒトではHLAと呼ばれ、細胞表面に存在する抗原群であり、6つの遺伝子によってコードされる分子の組み合わせからなる。MHC抗原は2つの部分からなり、それぞれクラスI分子（抗原）とクラスII分子（抗原）と呼ばれる。6つの遺伝子の組み合わせは人によってそれぞれ異なり、一卵性双生児を除けば、一致する確率はごく低い。

クラスI分子はすべての細胞の表面に現れているが、クラスII分子はマクロファージ、B細胞、皮膚や胸腺など限られた細胞表面にしか発現しない。たとえば外部からウイルスが入ってくる。マクロファージはウイルスを食べてウイルスの構造たんぱく質の断片をクラスII分子に結合させて、細胞の表面に提示する。ウイルスに感染した細胞は同じくウイルスの構造たんぱく質をクラスI分子に結合させて、細胞の表面に提示する。

多様化したT細胞のTCRは、どんな抗原をも認識できるB細胞が存在するのと同様に、どんな外部抗原を提示したMHC（クラスI分子、クラスII分子）をも認識できる。T細胞のうちCD4と呼ばれる分子をもつもの（ヘルパーT細胞）のTCRはCD4に助けられてクラスII分子を認識し、CD8をもつもの（キラーT細胞とサプレッサーT細胞）のTCRは同じくクラスI分子を認識する。その結果キラーT細胞は己のTCRが認識する外部抗原を提示するクラスI分子をもつ細胞を殺し、ヘルパーT細胞は対応するクラスII分子に反応して、B細胞やキラーT細胞を刺激する物質を分泌する。

抗原と結合したB細胞は、抗原を断片化してクラスII分子と結合して提示し、対応するヘルパーT細胞に認識させる。ヘルパーT細胞はCD40という物質の助けをかりて、B細胞をIgM（免疫グロブリンM）という比較的弱い抗体を産生する細胞から、IgGという強い抗体を産生する細胞に変化させる。同時にB細胞を分裂・増殖させて、そのうちの一部はIgGを産生できる記憶B細胞として残ることとなる。

MHC分子と結合したペプチド（たんぱく質の断片）の中には自己のペプチドも含まれているはずだ。あらゆる抗原を提示しているMHC分子を認識できるほど多様化したTCRをもつはずのT細胞群は、なぜ通常は自己抗原を提示するMHCの分子をもつ細胞を攻撃しないのか。ここに胸腺[注4]によるT細胞の教育という話が出てくる。

無能者と危険分子は除かれる

造血幹細胞が胸腺に入ってくると、幹細胞はTCRを発現する遺伝子を組み合わせて、著しく多様なT細胞に分化する。ここで、自己のMHC分子（HLA抗原）を認識できないT細胞は、T細胞として無能だから殺されてしまう。さらに自己抗原を提示したMHC分子と強く反応するT細胞も自己をおびやかす危険分子であるから殺されてしまう。このようにして殺されるT細胞は全体の96〜97%になるという。胸腺は、教育とは名ばかりの殺戮《さつりく》機関なのだ。

かくして、非自己抗原を提示するＭＨＣ分子とだけ反応するＴ細胞だけが、胸腺から生きて出てくることになる（実は、殺戮を逃れて出てくる自己と反応するＴ細胞も少しはあるのだが）。Ｂ細胞は教育されないが、自己抗原に反応するＢ細胞は、対応するＴ細胞が通常存在しないので、Ｔ細胞からの刺激をうけて増殖したり、ＩｇＧという強力な抗体をつくる細胞に分化できないものと思われる。以上が非自己をポジティブに見つけだす免疫学的メカニズムである。

1．ゾウリムシやアメーバなどの、真核の単細胞性の動物。
2．側生動物唯一《ゆいいつ》の門。わずかに分化した組織からなり、単体ではつぼ状、群体では火山群状で存在する。
3．刺胞動物亜門と有櫛《ゆうしつ》動物亜門からなる水生動物。ポリプ型とクラゲ型がみられる。
4．リンパ系組織を含む脊椎動物の器官。通常は咽頭《いんとう》または気管部に存在する。

summary　第10章のまとめ

【免疫とは何か】

はしかや風疹《ふうしん》などの伝染病は、1度かかると普通は2度とかかることはない。これは体内に免疫ができたからである。免疫の成立にはリンパ球が関与しており、リンパ球をもたない無脊椎動物では、このようなタイプの免疫現象（狭義の免疫）は見られない。一方、すべての動物には体内に侵入してきた異物に対する生体防御反応がそなわっており、これもまた広義の免疫と言える。マクロファージは無脊椎動物から脊椎動物まで広く見られる白血球で、異物を貪食《どんしょく》する食作用をもち、広義の免疫の主役である。

脊椎動物には好中球、NK細胞といった広義の免疫にかかわる白血球があり、前者は外部から侵入した化膿菌《かのうきん》を貪食し、後者はがん細胞やウイルス感染した細胞などを殺している。ヒトでは毎日数千のがん細胞が発生するといわれているが、めったに致命的にならないのは、見つけ次第NK細胞が殺しているからである。

狭義の免疫の主役はリンパ球のB細胞とT細胞で、これらは個々の非自己抗原を特異的に認識して攻撃している。B細胞は非自己抗原を中和する抗体を産生して、T細胞はもっと直接的な方法により非自己を排除している。

B細胞もT細胞も、遺伝子の断片を組み合わせて、すべての抗原と特異的に反応できる膨大な種類の細胞群をつくっている。胸腺はT細胞群のうち、自己抗原と強く反応する細胞を排除することによって、残ったT細胞が非自己抗原とだけ反応できるようにする機能をもつ。これは狭義の免疫系が自己—非自己を認識する基本メカニズムである。

B細胞が有効な抗体をつくったり、記憶細胞になったりするためには、対応するT細胞からの刺激が必要である。自己抗体をつくるB細胞には対応するT細胞がない（胸腺で除かれている）ため、自己抗原を攻撃する有効な抗体は通常はつくられないものと考えられている。

第11章

免疫系とエイズ、アレルギー

免疫系は主として胸腺《きょうせん》によるT細胞の教育を通して、自己―非自己の認識を行う厳密なシステムであるかのように前章では記述した。しかし、免疫学の進展につれ、免疫系は厳密からはほど遠いかなりあいまいなシステムであることがわかってきた。高校の教科書には全く記述がないが、免疫系のあいまいさを理解することは、生きているシステムを理解するうえで格好の題材であると思われるので、本章ではこれについて述べてみたい。

ウイルスが体内に侵入してきたときのことを復習してみよう。マクロファージがウイルスを食べてウイルスの構造たんぱく質の断片をMHC（主要組織適合複合体）のクラスII分子に結合させて、細胞の表面に提示し、これを対応するヘルパーT細胞が認識して、B細胞やキラーT細胞を刺激する物質を分泌する。ここまでは前章で述べた。実は、これらの反応をスムーズに進めるためには、各種のサイトカイン（細胞間相互作用因子、白血球から分泌され、分子性状がはっきりしているものはインターロイキンと総称される）や反応を助ける接着分子が必要なのである。

問題は、これらのサイトカインや接着分子が、抗原抗体反応に見られるような厳密な特異性をもたず、非特異的な反応をつかさどるところからくる。たとえば、Ｔｈ１と呼ばれるヘルパーＴ細胞からはインターロイキン２（ＩＬ２）が分泌され、これは自分自身とキラーＴ細胞を増殖させ、Ｂ細胞を分化させるといったさまざまな作用をもつ。あるいはＴｈ２（ヘルパーＴ細胞２）タイプのヘルパーＴ細胞からはＩＬ４やＩＬ５が分泌され、前者はＢ細胞で産生される抗体をＩｇＭからＩｇＧに変換させる作用をもち、後者はＢ細胞や好酸球の増殖に関与している。

　ＩＬ１やＩＬ６はさらにさまざまな作用をもつ。ＩＬ１は主にマクロファージによって産生され、発熱を促し、関節に作用し[注1]プロスタグランジンをつくらせ、肝細胞や筋細胞に働いて炎症反応を起こさせ、さらにはＴ細胞の増殖を起こす作用まであるらしい。ＩＬ６は白血球ばかりでなく、[注2]繊維芽細胞や上皮細胞などからも分泌され、その働きもＩＬ１に類似して多くの炎症反応の発現に関与しており、免疫とは直接関係のない反応も多い。

　このような非特異的な冗長ともいえる分子を情報伝達因子として使っているということは、ちょっとした間違いから、目的とは異なる反応が生じる可能性が大きいことを意味する。たとえば、すでに述べたＩＬ４はＴｈ２から分泌され、抗体をＩｇＭからＩｇＧへとクラススイッチさせているサイトカインであり、ＩＬ５はＢ細胞の増殖に関与するサイトカインである。その機能は他のサイトカインに比べ限定的であるが、それでも、次のようなことが生じる可能性がある。

あるウイルスに対して抗体を産生するプロセスでIL4やIL5がヘルパーT細胞から分泌されたとする。その結果、目的のB細胞以外にも、自己と反応するB細胞の増殖分化を促してしまう、といったことが起こりうる。実際、老人の体内ではそのようなことがかなり普通に起こっているらしい。これは免疫系の合目的性を崩壊させる。

同じことは、接着分子にも言える。特定の抗原を提示したMHCを認識するのは、それに対応するTCR（T細胞受容体）である。ところが、TCRだけでは、免疫反応にスイッチが入らないらしい。T細胞が反応するにはCD28という接着分子からのシグナルが必要なのだ。CD28はT細胞にある接着分子のひとつで、これにシグナルを入れることができる分子は、マクロファージ表面のB7とB70という接着分子である。通常の免疫反応は、外部抗原をマクロファージが食べるところから始まるから、反応はスムーズに進む。

常にある自己崩壊の危険

胸腺から生還してくるT細胞には、自己と反応するT細胞も少し混じっている。なのになぜ、自己に対する反応は起きないのか。それは自己の組織、たとえば肝臓、膵《すい》臓《ぞう》、肺などはMHCや組織特有の抗原を細胞表面に提示しているのだが、B7やB70という接着分子を持っていないため、対応するT細胞のCD28にシグナルを入れられず、反応が起きないからだと考えられている。実験的に膵臓の細胞を取り出し、B7の遺伝子を導入して元に返し、むりやりB7を発現させると、自己免疫性の膵臓炎を起こすことができる。

おそらく、通常はB7の遺伝子は発現しないで抑制されているに違いない。それが何かの加減で発現すると（たとえば、炎症が起きて炎症性サイトカインの影響でB7遺伝子にスイッチが入ったりすると）、対応するT細胞は活動を開始し、自己免疫疾患が引き起こされるのかもしれない。このように、サイトカインや接着分子における、反応の非特異性が、免疫系のあいまいさの原因である。このあいまいさゆえに、免疫系は常に自己崩壊する危険をはらんでいるといえる。

免疫系が己のもつ性質ゆえに、合目的性から逸脱する例は他にもある。エイズとアレルギーである。エイズを取り上げている教科書は多い。参照した8つの『生物II』の教科書のうち、数研出版、実教出版、第一学習社、東京書籍、大日本図書、啓林館の6つは多少ともエイズに言及していた。なかでも前4者は比較的詳しく取り上げていた。

HIVは、ヒトの体内に入ると、免疫機能の中心的な役割を果たしているT細胞に寄生して生き続ける。やがて、T細胞の中でHIVの遺伝情報にもとづいて多数のHIVが形成される。このようにして増殖したHIVは、T細胞を破壊しながら新しいT細胞につぎつぎと感染していく。その結果、T細胞が減少して免疫機能が正常に働かなくなり、カリニ肺炎、カポジ肉腫《にくしゅ》などエイズ特有の症状が現れてくる（第一学習社・生物Ⅱ）

エイズウイルスHIVが取りつくことができる細胞は、接着分子CD4をもつものだけである。CD4をもつのはヘルパーT細胞。キラーT細胞やサプレッサーT細胞はCD8をもつのでHIVに侵されることはない。CD4はわずかではあるが、マクロファージや脳神経細胞にもあるので、HIVはこれらの細胞にも侵入できる。HIVは皮膜の上にgp120と呼ばれる分子をもち、この分子はCD4としか結合できず、したがってCD4がない細胞にはHIVは侵入できないのである。

HIVに限らず、接着分子は、ウイルスや細胞が特定の細胞や組織に入るに際し、門番の役割を果たしているといってよい。たとえば、リンパ球は休息するリンパ節が決まっており、自分が休息するリンパ節に入るには、入り口にある接着分子を認識する必要がある。場違いなリンパ球は入れないようになっているのである。ところが、炎症によって接着分子の発現が変化すると、本来入ってこられないようなリンパ球まで侵入し、リンパ節がリンパ球でパンパンになる。リンパ節が腫《は》れるのは以上のような経緯による。

あるいは、マラリア原虫が赤血球に侵入するには、ダッフィー血液型の抗原にくっつく必要がある。なかにはダッフィー・マイナスの血液型の人がおり、原虫はこのタイプの人の赤血球に侵入できない。細胞表面の抗原にみられる極端な多様性は、病気に対する適応だといった説もあるぐらいなのである。

さて、HIVであるが、このウイルスは、ヘルパーT細胞に侵入すると、逆転写酵素を使ってT細胞のDNAの中に入り込んでしまう。すなわちHIVはRNAウイルスであるが、T細胞の中ではRNAをDNAに読み換えてあたかもT細胞のDNAであるかのようにふるまう。T細胞の転写機構はHIVのDNAをせっせとmRNAとして読み取って、一部はたんぱく質にまで翻訳してくれる。かくして、元のRNAウイルスがたくさん再生することになる。これらのウイルスは細胞外に飛び出して、新たなヘルパーT細胞に侵入して、悪循環が続くことになる。

もちろん、免疫系はHIVに対して抗体をつくり、必死の抵抗を試みる。しかし、抗体が結合すべきウイルスの皮膜のたんぱく質をコードする遺伝子には急速に突然変異が起こり、IgGが産生されたときには、ターゲットはすでに別のものに変貌《へんぼう》しているのだ。

エイズに感染してしばらくすると(潜伏期間には大きな個人差がある)、ヘルパーT細胞が全滅するといった事態が起こり、エイズが発症する。ヘルパーT細胞からのインターロイキン群の指令がなくなり、免疫系は、抗体産生系を中心に崩壊する。

過度の清潔がアレルギーを招く

次に、アレルギーを考えよう。アレルギーについて述べてある教科書は、啓林館、第一学習社、教育出版、実教出版であった。

花粉症では、スギなどの花粉が侵入すると、花粉から出た抗原に対して特異的な抗体がつくられ、目や気管などの粘膜の細胞に付着する。そこへふたたび同じ花粉が侵入すると、すでにつくられている抗体とのあいだで反応がおこり、この細胞から炎症を引き起こす、ある種の物質が分泌される。その結果、目がかゆくなったり、くしゃみが止まりにくくなるような症状が現れる。このように、免疫の過剰反応が不つごうに働くことをアレルギーという（実教出版・生物Ⅱ）

アレルギーを起こす抗体はＩｇＥと呼ばれ、日本人の[注3]石坂公成《きみしげ》・照子夫妻の発見になる。ＩｇＥはきわめて微量で効果を現し、これが分泌されると肥満細胞（造血幹細胞からつくられる細胞の一種）[注4]からヒスタミンが分泌され、アレルギー特有の症状を起こす。アレルギーもまた、免疫系が合目的的に働かない例で、この現象による死者はかなりの数にのぼる。体を病気から助けるはずの免疫系が体を傷つける。なぜこんなことが起きるのか。昔、ヒトが大型の寄生虫に絶えず感染していたころ、アレルギーはその排除に有効だったのではないかといわれている。

アレルギーは個人差が大きい。アレルギーになりやすい体質は遺伝するといわれている。アレルギーを抑える有効な方法の1つは、サプレッサーT細胞を働かせて、IgEの生産を抑えることである。これに関与する免疫抑制遺伝子が劣性で働かないと、アレルギーになりやすい。また、特定のアレルゲン（アレルギーを起こす抗原）に反応するかどうかも個人差が大きい。それもある程度、遺伝的に決まっているらしい（たとえば、MHCの型なども関係しているらしい）。

アレルギーには不思議なことがいくつかある。アレルゲンがなくともアレルギーと同じ症状が出るのである。たとえば、イヤなものを見ただけでアレルギーになる。IgEが働かなくても肥満細胞が刺激されてヒスタミンが分泌されるのだ。これは肥満細胞が自律神経から出る物質（アセチルコリン、アドレナリンなど）のレセプターをもっているからだと考えられている。

細菌に感染されると、アレルギーが出ないということもある。たとえば青洟《あおばな》をたらしている人は緑膿菌《りょくのうきん》に感染しているわけだが、緑膿菌に対してIgG抗体がつくられるメカニズムは、同時にIgEの抗体産生を抑制し、花粉アレルギーのような鼻の疾患を抑えるのである。現代人にアレルギーが多いのは、過度に清潔になったせいともいえるのである。

最後に老化が免疫系に及ぼす影響について話したい。胸腺は10歳ごろに最大となり、徐々に退縮していく。リンパ球は胸腺で教育されて出てくるわけだが、胸腺中のリンパ球の数は、老化とともに減少し、若いときの1000分の1とか1万分の1とかのオーダーにまで減少する。リンパ球は、どんどん死ぬわけだから、胸腺からの供給が減れば必然的に血液中のリンパ球の数も減少する。減少するリンパ球の種類には特徴があり、CD8をもつサプレッサーT細胞やキラーT細胞は顕著に減少するが、CD4をもつヘルパーT細胞はあまり減少しない。胸腺で教育されないNK（ナチュラル・キラー）細胞もまた加齢とともに急激に減少する。

T細胞群のアンバランスは、インターロイキンの生産のアンバランスを引き起こす。サプレッサーT細胞の機能が落ちるため、免疫反応がなかなかおさまらず、過剰なIL4やIL5は自己と反応するB細胞を活性化する可能性が高くなる。NK細胞の減少はがんの発生率を上げるだろう。加齢に伴い、免疫系は徐々にしかし確実に崩壊し始めるのだ。

免疫系に代表されるあいまいな生命システムは、少々の変化に耐えるフレキシビリティーをもつが（それは進化を可能にする条件でもある）、同時に自己崩壊の危険を内包するシステムでもあるのだ。

1. 細胞膜の前駆体リン脂質から合成される、脂肪酸誘導体。通常は放出後すぐに酵素によって分解されるが、刺激が与えられると放出量が増加し、細胞に影響を及ぼす。子宮収縮、利尿など様々な作用をもつ。

2. 脊椎《せきつい》動物の繊維性結合組織に特徴的な細胞。

3. （1925～）免疫学者。

4. たんぱく質が分解して生じるアミノ酸の一種で、体に蓄積されるとアレルギーを引き起こす。

summary　第11章のまとめ

【免疫系とエイズ、アレルギー】

抗原抗体反応で代表されるように、免疫系は厳密で特異的な反応によって特徴づけられると考えられがちであるが、実は免疫反応を支える因子には、非特異的なものが多いのである。

たとえば、細胞間相互作用因子であるサイトカインの中には、免疫細胞間での情報伝達に関与しているものがある。ヘルパーT細胞から分泌されるサイトカインであるインターロイキン類は、T細胞やB細胞を増殖させたり、B細胞の抗体タイプをIgMからIgGに変換させたりする作用をもつが、これらの反応は非特異的である。あるヘルパーT細胞から、それに対応するB細胞に、インターロイキンを使って指令を出した際に、関係ないB細胞が反応することがある。インターロイキンは、抗原抗体反応のように特異的に働くわけではないので、関係ないB細胞が反応する可能性を排除できないのだ。免疫系が老化すると、このような間違いが多くなり、場合によっては自己に対する抗体さえつくられるようになる。

さまざまな接着分子もまた、免疫反応を支える非特異的な因子である。T細胞の中には胸腺での教育（殺戮《さつりく》）を逃れて出てきた自己反応タイプのものが少しだけあるが、自己組織は通常、T細胞を働かせるのに必要な接着分子を持たないため、T細胞は自己を攻撃しない。ところが何かの加減で、この接着分子を発現させるプロセスにスイッチが入ると、免疫系は自己を攻撃するようになる。

免疫系はまた、エイズやアレルギーといった合目的的とはいえない疾患とも深く関係する。HIV（エイズウイルス）はCD4をもつヘルパーT細胞に侵入し、T細胞の転写機構を利用して増殖し、ついにはT細胞を全滅させる。接着分子CD4及びT細胞の転写機構がなければ、HIVは増殖できないわけで、免疫機構を逆手にとっているといえる。

アレルギーも矛盾した疾患だ。自己を助けるはずの免疫系が自己を傷つけることに加担しているからだ。アレルギーは大型の寄生虫を排除するために進化したとの考えもあり、昔はそれなりに適応的な反応だったのかもしれない。近年の清潔好きはアレルギーの発生に拍車をかけているらしく、ヒトの生活習慣の進歩に体の進化が追いつかない好例なのであろう。

第12章

個体発生と系統発生

個体発生とは生物の個体が卵から成体になるプロセスを指す。老化して死ぬまでも含めるべきだと私は思うが、普通それは個体発生とは言わないようだ。系統発生とはある生物種が原始生物から進化してきて現在の状態に至る歴史のことだ。個体発生と系統発生の間には、何らかの並行性があるのではないか、との指摘は近代生物学の黎《れい》明《めい》期からなされており、最も有名なのは、ヘッケルによる生物発生原則[注1]、いわゆる反復説である。

「個体発生は系統発生の短期間のすばやい反復である」あるいは単に「個体発生は系統発生を繰り返す」という標語で知られるこの説は、一昔前までの生物学徒ならだれでも知っていた。高校の生物の教科書では、個体発生は『生物IB』に、系統発生は『生物II』に載っているが、この2つの関係について言及してある教科書は少ない。

ヘッケルの反復説をとりあげている唯一《ゆいいつ》の教科書は実教出版の『生物II』である。ここには、「ヘッケルの系統樹」と題して次のように記されている。

ヘッケルは、ダーウィンの進化論に深く感銘し、進化の概念を発展させて、各生物

の系統を想定し、類縁関係を整理した。そして、これを樹木の枝のように表して、系統樹を作成した（1866年）。ヘッケルの系統樹では、生物は、植物界・原生生物界・動物界の三つに大別されている。

系統樹の幹は共通の祖先を表しており、枝が近いことは、それだけ類縁関係が深いことを表している。ヘッケルは、個体発生は系統発生を繰り返すという反復説を唱えたが、個体発生の過程が、系統を明らかにするうえで重要なよりどころとなるという考えかたは、動物の系統発生の解明にひろくとり入れられた（実教出版・生物Ⅱ）

個体発生が系統発生の厳密な繰り返しでないことは今日では明らかである。反復が厳密に起こるためには個体発生の時間的な圧縮と、祖先型の個体発生の末端に子孫型の成体形質が付加されることが必要であるが、それは事実により反証されている。たとえば、子孫型が祖先型の幼形を保有しながら成体になるネオテニーという現象は、反復説に対する反証となる。グールドは『個体発生と系統発生』（工作舎）で、学説史的な観点からこの問題を詳細に論じている。単純に考えても、個体発生と系統発生はレベルの異なる現象であり、この2つを結びつける厳密な論理が存在しないであろうことは容易に想像がつく。

一方、生物の初期発生のパターンが、系統を反映していることもまた事実である。個体発生と系統発生の並行性に対し、反復説といった形而上学《けいじじょう》的な学説ではなく、観察事実に基づいて新しい考えを提唱したのは団まりなである（『生物の複雑さを読む』平凡社、1996）。団の考えを紹介しながら、個体発生と系統発生の並行性の問題を論じてみたい。

原核と真核はひとつにくくれない

生物は系統発生に伴って複雑さを増すが、団は複雑さの度合いを階層構造という離散的な概念によって理解しようとする。団が考える階層は、動物の系統発生に限っていえば、ハプロイド（遺伝子のコピーがひとつしかない。私は一倍体と訳しているが原語に忠実に訳せば半数体）体制、ディプロイド（二倍体）体制、上皮体制、間充織体制、上皮体腔《たいこう》体制である。

図Fは、この系統的な階層構造と個体発生の相関を表したものだ。系統的に新しく獲得した体制ほど、個体発生の過程の後期に現れることが示されている。この図は進化の方向性に対して、発生過程の拘束性がいかに強いかを示しているが、それについ

図F　個体発生と系統発生の並行性（団1996より）

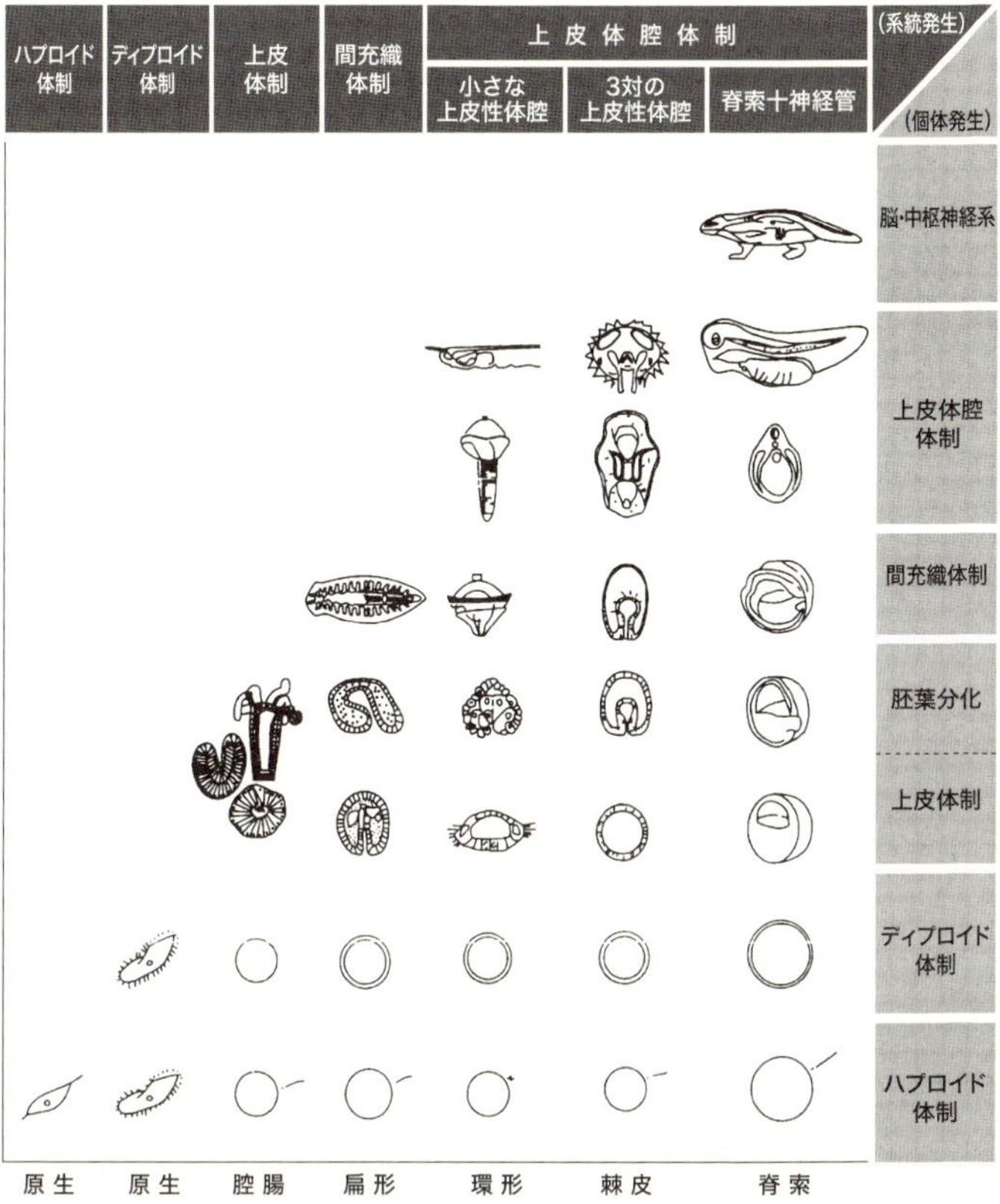

ては後述する。

図には示されていないが、ハプロイド体制の前には原核細胞体制がある。マーギュリスの共生説（第5章、第6章参照）が正しければ、真核生物はいくつかの原核生物が共生してできたものである。共生の結果、複雑さは非連続的に大きくなったに違いない。原核細胞と真核細胞の間には大きなギャップがある。個体発生は細胞から始まる。すなわち、真核生物の個体発生は真核細胞から始まるのだ。ここでは、原核生物から真核生物へという系統発生は個体発生に反映されない。個体発生が系統発生を厳密に繰り返すわけではないことはこのことからもわかる。

真核細胞と原核細胞の体制の違いはいろいろあるが、最も大きな違いはDNAの存在様式であろう。原核細胞ではDNAは1つの高分子として存在しており、真核細胞に見られるような形態の染色体はない。一方、真核細胞は必ず複数の染色体をもつ。前者は無糸分裂を行って複製されるが、後者は有糸分裂を行う。体制の違いはシステムのルール（高分子の関係性）の違いに帰せられるとの構造主義生物学の立場からすれば、原核細胞と真核細胞に見られる具現形態の違いは、システムが許容する構造の布置の違いに他ならない。布置が不連続的にはっきりと異なれば、システムもまた異なると考えるほうが合理的だ。

団は原核細胞と真核細胞を同一の細胞概念でくることに疑問を呈しているが、それはもっともなことだと思われる。そして、この議論をハプロイド細胞とディプロイド細胞の間にも敷衍《ふえん》している。図Fにもあるように、ハプロイド細胞とディプロイド細胞は異なる階層単位であるとの主張である。団によれば、原生生物（単細胞の真核生物）の中には、生涯ハプロイド状態を保ち、有糸分裂だけで増殖し、有性生殖を行わないグループと、一生のどこかで有性生殖をして、ディプロイドとハプロイドの転換をするグループがあり、この2つは系統発生における階層が異なるのだという。

前者のグループは根足虫（アメーバ）、ミドリムシなどであり、後者のグループはゾウリムシ、酵母などである。ハプロイド細胞しかもたない生物の階層が、ディプロイド細胞をもつ生物に比べ、一段低いという議論は首肯できる。ヒトのようなディプロイド生物はディプロイド状態（染色体が2nの時）が本体であるが、コケ類より下等な多細胞植物の中には、ハプロイド状態（n）が植物体の本体であるものがある。nと2nの核相交代としてこの話題はほとんどの教科書に載っている。ハプロイド細胞で構成されるハプロイド生物は、ディプロイド細胞で構成される生物に比べ、つくりが簡単で、細胞間の連絡構造もない。この事実も、系統発生においてハプロイド細胞が、ディプロイド細胞に先行したという仮説の傍証になる。

系統発生が個体発生を繰り返す

ここから団は、有性生殖は、種としてのアイデンティティーを保ったまま階層間を移行する能力である、との極めて独創的で面白い結論を引き出すのだが、構造主義生物学の立場からは、この結論はにわかには首肯しがたい。構造主義生物学は、階層の本質は具現形態そのものではなく、システムが展開する空間におけるルールだと考えるのである。これを「構造」と呼ぶ。生物における構造は細胞内におけるさまざまな高分子間の関係性であり、目に見える形態は、このルールにより許容される布置のひとつにすぎない。もちろん布置はルールを反映している。

原核細胞が共生して生じた初期の真核細胞は、その構造の布置としてハプロイド体制しかとれなかったと考えればよい。しばらくしてルールが複雑になりディプロイド体制がとれるようになったわけだ。ルールを指すコトバとして、ハプロイド体制あるいはディプロイド体制を使うことは何ら問題はないが、ハプロイド細胞あるいはディプロイド細胞という実体とルールあるいは階層は同じではない。

脊椎《せきつい》動物は上皮体腔体制という最高次の階層をもつが、この階層は個体発生の後期になって出現するわけではなく、受精卵（ディプロイド細胞）の時点ですでに細胞の中にルール（構造）としては存在しているのである。そればかりではなく、未受精卵の中にも存在しているはずだ。nのハプロイド細胞（未受精卵）から成体になる可能性は排除されていない。実際、棘皮《きょくひ》動物（たとえばウニ）では単為発生が可能なのであるから。

構造という観点からはヒトのハプロイド細胞、ディプロイド細胞、個体はすべて等価である。それらはヒトという同一構造の布置の違いにすぎないのだ。逆にヒト、昆虫、クラゲのディプロイド細胞が、同一の構造下にあるということはない。それらは異なる階層における表現型の類似にすぎない。

図Fに戻ろう。上皮体制から上の階層の分節の考え方は、ほとんどの『生物II』の教科書に採用されているのとほぼ同じである。多くの教科書では、多細胞動物を二《に》胚《はい》葉《よう》動物と三胚葉動物に分け、後者を旧口動物（端細胞幹）と新口動物（原腸体腔幹）に分け、さらに旧口動物の中で原始的なものを原体腔類に分類している。

上皮体制は、腔腸動物（ヒドラ、クラゲ）に代表される二胚葉動物に見られ、より高次な動物の個体発生過程の原腸胚と形態的な類似性をもつ。間充織体制は旧口動物の原体腔類（扁形《へんけい》動物：プラナリア、袋形動物[注2]：カイチュウ）に見られ、個体発生の間充織原腸胚に類似する。間充織とは中胚葉性の細胞で、胞胚腔内を満たす。この体制ではまだ、はっきりした体腔は見られない。

さらに体制が進むと、はっきりした体腔が見られるようになる。体腔とは中胚葉に囲まれた腔所のことである。体腔のでき方には大きく2つのパターンがある。ひとつは間充織細胞が集まって、その中心部から腔所が広がって体腔ができるものであり、このタイプの動物はすべてらせん卵割をすることで知られている。図Fで小さな上皮性体腔と記されている体制がこれで、環形動物（ミミズ）、軟体動物（タコ、ハマグリ）、昆虫などに見られる。教科書では真体腔をもつ旧口動物としてくくられているグループである。

もうひとつは図Fで棘皮の上に置かれている3対の上皮性体腔で、これは普通、腸体腔と呼ばれ、原腸の側方がふくれて、そこから体腔が生じてくる。教科書で新口動物と呼ばれるグループに見られるもので、棘皮（ウニ、ヒトデ）、原索（ホヤ、ナメクジウオ）、脊椎などの動物門が入る。この仲間の卵割はすべて放射卵割である。脊椎動物では、この体制の上にさらに脳—神経系という体制が構築されることになる。などの動物群においても、基本的な体制は個体発生の途中までには完了、あとは基本体制を変形するだけとなる。

図Fを見る限り、個体発生と系統発生の並行性は見事である。この並行性のうらに何があるのか。いじわるな見方をすれば、個体発生に整合的なように、系統発生を仮定した、と考えられないこともない。もっとも、整合的な仮定ができるということは、この2つの間に何らかの相関がある何よりの証拠であると言えないこともないが。

系統発生とは何か。それは生物が個体発生を繰り返しながら、徐々にあるいは突然、形質変化を起こすプロセスである。だから、本当のことを言えば、個体発生が系統発生を繰り返すのではなく、系統発生が個体発生を繰り返すのだ。個体発生の途中に変化が起きて、系統発生が生じるのである。

初期のシステム変更は死を招く

個体発生のごく初期に大規模な変化が起これば、子孫型の生物は祖先型の生物の個体発生の大半をカットするわけだから、個体発生は系統発生を繰り返す、という言明はまことにナンセンスなものとなる。最近、直接発生するカエル、ウニ、ホヤが注目されている。直接発生とは、通常は幼生を経て変態して成体になる動物のごく近縁の種が、幼生を経ないで直接成体になることを言う。ここでは初期発生プロセスの変更は成体パターンの変更をもたらさず、個体発生と系統発生の並行性は保たれない。

しかし、一般的に言えば、初期発生における重大な変更はほとんどの場合、既存のシステムと調和せず、生物を死に追いやることが多いだろう。最も普通に起こるのは、発生途中における、発生経路を変更しないような微細な変更か、ある程度大規模な変更であれば、既存の発生経路をふまえた上で末端に付加するやり方であろう。これは結果として、個体発生と系統発生の並行性を引き起こす。

個体発生が系統発生を繰り返すように見える現象は、個体発生の拘束性の下での確率の問題なのではないか、と私は思う。

1．Haeckel, Ernst Heinrich（1834〜1919）ドイツの動物学者。

2．輪虫綱、線虫綱など7綱からなる、偽体腔動物の一門。少数の細胞によって構成され、外形は芋虫状あるいは糸状。

summary　第12章のまとめ

【個体発生と系統発生】

個体発生とは生物の個体が卵から成体になるプロセスのことであり、それが、その生物の系統発生、すなわち進化プロセスと何らかの並行性があるのではないかという問題は、昔から多くの生物学者を悩ませてきた。

最も高等な動物であると考えられている脊椎動物を例にして考えてみよう。脊椎動物の個体発生は、染色体数がｎの未受精卵に精子が合体して２ｎの受精卵になるところから始まる。動物の系統発生上、最も原始的な原生動物の一部（たとえばアメーバ）はｎの細胞からなる。少し高等な原生動物（たとえばゾウリムシ）は２ｎの細胞を作れる。

受精卵は分裂を開始し、胞胚さらには原腸胚になる。原腸胚は体制上、腔腸動物（ヒドラ）の成体とよく似ている。どちらも胚葉が２つしかない。原腸胚がさらに進むと、中胚葉が出現するが、ここまでのプロセスは基本的に扁形動物（プラナリア）と変わらない。さらに発生が進むと、体腔が出現する。脊椎動物の体腔は腸体腔と呼ばれ、原腸の側方がふくれてできた中胚葉に囲まれた腔所である。

この体腔のでき方は基本的には棘皮動物（ウニ）と同じである。

体腔のでき方には他の方法もあり、たとえば環形動物（ミミズ）では、胞胚腔（卵割腔）に放出された中胚葉細胞のかたまりの中から出現する。体腔のでき方から、脊椎動物は環形動物よりも棘皮動物に系統的により近いと考えられている。発生がさらに進むと、体の背部に脊索が出現する。これは原索動物（ナメクジウオ）にも見られることから、ナメクジウオは脊椎動物の祖先型だとみなされている。

個体発生と系統発生の間に見られる並行性の原因はよくわかっていない。恐らく系統発生は、祖先型の生物が有している個体発生のパターンから逸脱することが難しく、それを踏襲しながら、個体発生の後期に新しい形質を付加させるというたやり方で進化するのが最も一般的であるからであろう。

第13章

代謝と循環

生命の本質はDNAである、といった単純な話がまことしやかに流通するようになってから、生きていることの実相が代謝と循環にあることが忘れられつつあるようなので、本章ではこの話をしよう。

すべての生物は物質でできている。その観点からは無生物と生物は区別できない。昔の生気論[注1]の文脈では、生物とは霊魂をもつ物質のことである。現在、科学の世界では生気論を信ずる生物学者は少なくとも公式にはまず存在しないであろうが、DNAの何たるかを知らずDNAというコトバしか知らない一般の人々にとって、DNAはほとんど霊魂と同じように思われているらしい。たとえば、ある老婦人が、「私のDNAが孫に受け継がれてとても満足です」と語ったという話などを聞けば、DNAは霊魂か自我の分身である。

生物の生物たるゆえんは、その内部にDNAが存在するためではない。もしそうであるならば、DNAの分子を入れた試験管は生物になってしまう。すべての生物は何らかの同一性を保ったまま、外部から物質とエネルギーを取り入れて、自分自身の体を含めて物質を入れ替え、循環させているのである。

無生物でも、たとえば人間の作った機械はこれに類することをする。自動車はガソリンを燃焼させてエネルギーを取り出し、これを運動エネルギーと熱エネルギーに変換する。一見これは、生物に見られる呼吸に似ているが、生物と違って自動車は自分自身を構成している物質を時々刻々入れ替えたりはしない。

代謝はすべての高校の教科書に載っておりその記述も大同小異である。

動物は、食物を食べないと生きていけない。それは、食物の主成分である有機物に含まれているエネルギーをとり出して利用することが、生きるために不可欠だからである。そして、この有機物は、もともと植物がつくったものである。この編では、生物がどのようなしくみで有機物からエネルギーをとり出しているのか、また、どのようなしくみで有機物をつくっているのかを学ぼう（東京書籍・生物ＩＢ）

生物はいろいろな物質をとり入れ、エネルギーを用いて、からだに必要な成分を合成する。その一方で、合成された体内の物質を分解し、そのさい放出されるエネルギーを利用して活動を行っている（実教出版・生物ＩＢ）

生物は、外界からとり入れた物質を、その生物にとって必要な物質につくり変える。この過程を同化という。また、一方では、同化の過程でとり入れられた物質やつくり変えられた物質を分解して、生命活動のエネルギーをつくる。この後者の過程を異化という。このように、生物体内では同化と異化の過程が同時に進行しており、このときにおこるさまざまな一連の化学変化を代謝という（三省堂・生物ⅠB）

3つの教科書の代謝についての記述である。最初の教科書では、代謝が生きるための方途であるかのように書いてある。後二者もそれほどあからさまではないが、それに近いニュアンスの記述である。

しかし、私の考えでは代謝することと生きることはほとんど同義のような気がする。生物は生きるために代謝をしているのではあるまい。代謝をしているからこそ生きているのである。

生きるとは循環することである

代謝とは狭義には生体内における物質の変化のことであるが、物質は変化しても生物そのものはあまり変化しているようには見えない。これを動的平衡と呼ぶが、代謝の本質は動的平衡にある。

これが成立する条件は2つある。ひとつは系に流入するものと系から流出するものがつり合っていること。ひとつは、系の内部でものが循環すること。動的平衡が成立するだけなら前者の条件だけでもよいが、生体内の動的平衡の特徴はそれに加えて後者の条件が必要なことにある。

かつてヘラクレイトス[注2]や鴨長明[注3]が、河の流れは同じように見えて、実は水はどんどん入れ替わっていると述べたのは、前者だけの動的平衡の話である。鴨長明の『方丈記』は、続いて、「世中にある人と栖《すみか》と、またかくのごとし」と記しているが、人を生物、栖を生態系と読めば、両者共にそれに加えて循環という条件が不可欠になる。

生体内の循環を最初に実験的に証明したのはハーヴィ[注4]で17世紀のことだ。それは血液の循環である。今日、血液循環について知らぬ人はほとんどいないだろうが、それが生命の実相のマクロな現れであることは、あまり意識されていないように思われる。ちなみに高校の教科書のほとんどは血液循環についてふれているが、それが広義には代謝の一部であることに気づかせるような記述はない。心臓が止まると間もなく人が死ぬのは、代謝不能になるからである。

分子のレベルでの循環を発見したのはクレブス[注5]（１９４０）の功績である。クレブス回路、ＴＣＡ回路、クエン酸回路等々の呼び名があるが、高校の教科書ではクエン酸回路で統一されている。循環というのは実によくできた動的平衡維持の機構である。生物はＤＮＡの発明よりも何よりも、ある空間の中で分子レベルでの循環機構を開発して生物になったのではないかと私は思う。

　クエン酸回路は異化過程、すなわち複雑な物質を簡単な物質に分解してエネルギーを取り出す反応に見られる循環である。逆に単純な物質をエネルギーを使って複雑な物質に合成する過程は同化と呼ばれるが、地球上のほとんどの生物にとって不可欠な同化作用である光合成（炭酸同化）に見られる循環は、カルビン・ベンソン回路である。これら2つの回路はすべての教科書にかなり詳しく載っているので、ここで説明する必要はないだろう。

　クエン酸回路、カルビン・ベンソン回路等の狭義の代謝は細胞内の出来事であり、それは細胞が同一性を保ちながら、生きていることを保証する。しかし生物に見られる循環は細胞内に限らない。すでに個体レベルの循環として血液循環の例を挙げた。細胞が分裂して自分と同じものを2つ作るのも、ある意味では循環であり、もっと高次のレベルでは自分とほぼ同じ個体を作り、世代交代していくのも循環の一種であろう。さらには生態系における循環までも視野に入れれば、生きているとは循環していることだ、と言っても過言ではない。

もっとも生物にはもうひとつヘンな性質がある。それは循環しつつ徐々に変化することだ。それは細胞や個体レベルでは、分化、発生、老化と呼ばれ、世代交代する場合や生態系のレベルでは進化と呼ばれる。

情報は捨てることこそ大事

細胞分裂における循環は細胞周期と呼ばれ、すべての高校の教科書に載っている。

体細胞分裂の過程は間期と分裂期に分けられる。間期は核や核小体がはっきり見える時期である。この時期には、代謝がさかんになり、染色体が複製され、分裂の準備が整う。分裂期は前期・中期・後期・終期の4つの時期に分けられる（大日本図書・生物ⅠB）

どの教科書の記述も同じようなものであり、分裂期については詳しく書いてあるが、間期についての記述は簡単である。しかし、循環の点から重要なのはむしろ間期であろう。間期は、G_1期、S期、G_2期に分かれ、DNAが複製されるのはS期である。細胞分裂を定期的に行って増殖しつつある細胞群では、この周期が繰り返されるが、増殖を停止した細胞群では、G_1期の途中から周期を離脱して安定する。この状態はG_0期と呼ばれる。分化した細胞はおおむねG_0期にあると考えられる。

G_1期からS期に移行するか、それともG_1期のまま（すなわちG_0期）でいるかを決定するのは、CDK、サイクリン、CKI（CDK阻害因子）の3つの因子であることがわかっている。CDKはサイクリン・ディペンデント・キナーゼの略であり、目標のたんぱく質を燐酸化《りんさんか》する働きがある。この酵素はサイクリンと結合しないと機能せず、サイクリンと結合してはじめて目標のたんぱく質を燐酸化して活性化させ（場合によっては不活性化させ）、細胞周期の進行を促す。一方、CKIはCDKあるいはサイクリン―CDK複合体に結合して、これらが機能しないようにしているたんぱく質である。G_1期でCKIが働いて、S期への進行を司《つかさど》るサイクリン―CDK複合体の働きを抑制していれば、細胞はG_0期を保つわけだ。

余談であるが、ある種のがんはCKIが異常になり、細胞の増殖を抑制できなくなった結果生じると考えられている。

クエン酸回路やカルビン・ベンソン回路の循環はある意味では単純である。それは分子レベルに話が限定されているからだ。それが細胞周期といったレベルになると、話がかなりややこしくなる。それは細胞全体のレベルの話を分子のコトバで説明しようとすると、関係する因子が極端に増えるからだ。細胞周期は発生途中の若い細胞ではコンスタントにまわる必要があるが、分化した細胞ではあまり速くまわると具合が悪い。同じように見える現象でありながら、実は徐々に違ったものになっていくのは、高次の生物現象の特徴である。第11章で述べた免疫現象などはその好例である。それに対し、老人の体内のクエン酸回路が若い人のそれと違うといったことはまずあり得ない。

体細胞分裂は、高校の教科書では全く同じものが複製されるかのように書かれているが、実はちょっと違う。染色体の末端にはテロメアという構造があり、テロメアはテロメア配列という繰り返しの塩基配列から成っている。ヒトでは「TTAGGG」という配列が1000回ほど並んでいるが、細胞分裂のたびに100個前後の塩基を落としてしまう。テロメアがある程度以下の長さになると染色体は首尾よく自立できずに、細胞は死んでしまう。テロメアが老化を司っている時計なのか、それともテロメアの短縮が老化に伴う変化なのかはまだはっきりしていないが、いずれにしても、循環しながら変化するという生命現象の特質がここでも見られることは確かである。世代交代[注6]もまた循環の一種である。それは表面的にはnと2nの核相交代といった形式をとる。循環という点から見ると、減数分裂は遺伝情報をふりだしに戻す装置である。もし、減数分裂なしに有性生殖が行われたなら、2nの生物は4n、8n、16nとなり、ついには膨大な情報の海でおぼれて死んでしまうだろう。生命維持という観点から見ると、情報は蓄積するよりも捨てるほうが大事なのである。藻類、コケ、シダなどの核相交代の話はどの教科書にも載っているが、循環という観点から記述してはいない。この循環形式を繰り返しながら、循環自体を含めて徐々に変化することを進化というのである。

生態系の物質循環は閉じている

循環の典型例として教科書に取り上げられるのは、生態系である。

生態系では、無機的環境の条件や生物群集の状態はたえず変化している。しかし、自然の生態系は、物質の循環やエネルギーの流れを中心にまとまっており、変動しな

がら全体としては平衡を保っている（第一学習社・生物ⅠB）

これは何も生態系だけの特徴ではない。生物の系は細胞も組織も器官も個体も、すべてここに記されたような特徴を有している。これらのすべてを含む最大の系である生態系が循環と動的平衡という性質を有しているのは当たり前なのである。ただ地球全体の生態系をひとつのシステムとしてみると、他の生物の系には見られない特徴がある。それは、物質の循環に関して閉じていることだ。

我々の体は物質に対してもエネルギーに対しても開いた系である。体を作っている物質は速度の違いはあれ、体に入り循環し、外に出ていく。十年前の私の体と今の私の体を作っている物質は全く違う。それでも私は私なのだ。物質代謝に対して外部をもつ系（普通の生物の系）では、系にとって不都合な物質は外部に捨ててしまうことができる。しかし外部をもたない系（生態系）では捨ててしまうわけにはいかないのだ。

生態系にとって環境汚染が重大問題である理由はここにある。

1. 生命現象は物理・化学現象とは背反する、生物特有の原理に基づくという考え。現象を神秘化し、その説明のために神の存在を必要とするような用語が用いられた。

2. Hērakleitos（紀元前6～前5世紀）ギリシャの哲学者。万物の根元は火であると説いた。

3. （1155頃～1216）鎌倉初期の歌人。

4. Harvey, William（1578～1657）イギリスの医学者。

5. Krebs, Hans Adolf（1900～1981）ドイツ生まれの生化学者（のちにイギリスへ帰化）。

6. 同一種の生物の生活史に、生殖法を異にする世代が交互に現れること。

summary　第13章のまとめ

【代謝と循環】

多くの無生物、たとえば今あなたが読んでいるこの本は、手を加えなければ1年たってもほぼこのままであろう。本を構成している物質は1年たっても基本的に同じだからである。一方、本を読んでいるあなたは、もちろん1年たってもあなたには違いないだろうが、体を構成している物質は大幅に入れ替わってしまうだろう。

形態や機能の同一性を保ちながら、構成する物質がどんどん入れ替わることを代謝と呼ぶ。代謝は生物を生物たらしめている基本的な現象であり、生命の実相は代謝にあると言っても過言ではない。

分子レベルでの代謝を進めるのはさまざまな酵素反応であり、それは大きく同化と異化に分けられる。前者は単純な物質から複雑な物質をエネルギーを使って作ることであり、後者は複雑な物質を単純な物質に分解してエネルギーを取り出すことをいう。

同化の代表は光合成であり、異化の典型例は呼吸である。光合成は光エネルギーを使って無機物から有機物を作ることで、その中心的な反応経路は、カルビン・ベンソン回路である。無機物はこの回路によって有機物に合成される。呼吸の中心的な反応経路はクエン酸回路であり、有機物はこの回路によって無機物に分解され、それに伴ってエネルギーが取り出される。

2つの回路はいずれも物質レベルの循環である。この例に見られるように、生物にとって循環は極めて重要な形式である。循環という観点から生物を見ると、多くの生命現象が循環形式になっていることがわかる。

細胞は間期と分裂期を繰り返しながら増殖するし、血液やリンパは体中を循環して流れている。個体はnと2nの核相交代をしながら子孫を作り出し、生態系では光合成と食う食われるを繰り返しながら、物質が循環している。循環は生命を基底で支える形式なのである。

生物はまた循環し続けて同一性を保ちつつ、徐々に変化するという不思議な性質をもつ。細胞や個体レベルでは、これは分化、発生、老化と呼ばれる現象を帰結し、世代交代や生態系のレベルでは進化という現象を帰結する。

第14章

脳と心

脳と心の関係がどうなっているかは、21世紀における生物学上の最大の難問となることは間違いないが、あまりにも問題が大きすぎるためなのか、高校の教科書には本質的なことは何も書いてない。脳や神経についての記述は『生物IB』に載っているが、大半の教科書では、「生物の反応と調節」の大項目の中の「刺激の受容と動物の行動」といった項目で扱われており、脳と心との関係についての本格的な記述はない。

脊椎《せきつい》動物の中枢《ちゆうすう》神経系は、大脳・間脳・中脳・小脳・延髄などに分かれた脳と、それに続く管状の脊髄からなる。

脳や脊髄は、神経細胞が密集し、軸索をのばし、シナプスでたがいに連絡することで、複雑な情報を統合し、整理して、命令を効果器にすみやかに下せるようになっている。したがって、脳や脊髄の中のシナプスが発達すればするほど、行動は、すみやかに、また、複雑になる。脳の発育の適当な時期に適当な刺激をあたえられることによって、シナプスがよく発達し、より複雑な反応ができるようになると考えられている。

大脳や小脳の外層（皮質）は、神経細胞体が集まっているので、灰白色をしており、灰白質とよばれる。内部（髄質）には多くの軸索が走っていて白く見えるので、白質とよばれる。動物の脳のいろいろな部分を電気で刺激したり破壊したりしたとき、あるいは、ヒトの場合は脳の病的変化によって、いろいろな行動の障害がみられることがある。このような観察の積み重ねによって、脳の各部分がそれぞれどのようなはたらきをするのかがわかってきた。

ヒトの大脳では、特に新皮質とよばれる部分が大きく、感覚の中枢や運動の中枢、および、記憶・思考・意思・理解・創造・人格などの高度な精神活動や統合機能に関係した中枢などが存在する（東京書籍・生物ＩＢ）

どんぶり勘定としては正しい

参照した7つの『生物ＩＢ』の教科書の中で、脳の機能についての、これが最も詳しい記述であるが、脳と心の関係については判然としない。判然としないのは、もちろん現在の科学水準が、高校の教科書の記述に耐えるまでには達していないためであるが、考える筋道はおおよそわかってきた。本章では、ここらあたりの話を私見をまじえて述べてみたい。

心は脳の機能である、と考える立場を心脳一元論と呼ぶ。脳科学者のほとんどはこの立場に立つ。それに対し、脳と心は独立に存在するとの立場は二元論と呼ばれ、古くはデカルト[注1]がこの考えを採用したことで有名である。現代の脳科学者の中にも、ペンフィールド[注2]やエックルズ[注3]のように二元論を採る人も少数ながらいる。

デカルトが二元論を採った理由は、脳は延長をもつが、心は延長をもたない、というものだ。デカルト的な意味での延長とは、空間内のある一定の部分を占有することだ。しかし、このことは、心が脳の機能であることに矛盾しないと私は思う。機能というのはそもそもどんなものであれ延長をもたないのである。運動そのものは延長をもたないが、運動が筋肉の機能であることを疑う人はいない。

二元論が受け入れられやすいのはむしろ、心がなんらかの同一性（特に自己同一性）を孕《はら》むからである。私は私である（自我意識）とか、この微妙な感覚はコトバでは伝えることができない私だけのものだ、といった思いをわれわれは抱く。そこで、同一性を孕むものは実体でなければならないと考えると、二元論に陥ってしまう。延長をもつ実体（脳）と延長をもたない実体（心）は存在論的身分が違うと考えてしまうわけだ。

延長をもたない実体の典型はプラトンのイデアである。イデアを考えたのはプラトンの脳である。脳はその機能として不変の同一性を構想する傾向があるらしい。たとえば数学である。数学の公理は不変の同一性を孕むが実体ではない。だから、心や自我も不変の同一性を孕むようにみえるが、実体である必然性はないのだ。脳はその機能として、延長をもたない実体を構想するらしいと考えればよいのだ。

たとえば、自我を不変の実体だと考えると、それはいつでもあることになるが、実際のところ、睡眠中には自我などというものはない。自我はそれについて考えたときだけ出現するのだ。だからそれは脳の特殊な活動の結果生じる現象だと考えたほうが合理的だ。心が脳の機能であることを示す傍証はほかにもたくさんある。有名なのはフィニアス・ゲージの例だ。１８４８年の夏、ゲージは事故に遭い鉄棒が脳の一部を貫いてしまったのだ。脳の一部が大きく壊れたにもかかわらず、命に別状はなく、運動能力や知覚能力にも後遺症は残らなかった。ただ人格が全く変わってしまったのだ。人間らしさを失い、動物のような人間になってしまったという。

鉄棒が貫いたのは前頭連合野で、現在の知見によれば、ここには自我の中枢があると言われる。運動能力や知覚能力は失われず、人間らしい心だけが失われたのであれば、心は前頭連合野の機能であると言えそうである。

このようにある特定の機能が、脳のある特定の部位の働きであると考える説を、機能の局在説と呼ぶが、これはどんぶり勘定としては大体正しいことがわかっている。たとえば、視覚情報は目から入り、後頭葉の一次視覚皮質に行き、そこで2つに分かれて、ひとつは頭頂葉へ、ひとつは側頭葉へ行く。前者には空間視（位置や運動速度）の中枢があり、後者には形態視（色や形）の中枢がある。頭頂葉のMT野と呼ばれる部位が損傷を受けると、運動視が失われ、すべてが静止画の世界になるらしい。一方、側頭葉の視覚中枢には、形態視のほか、物の意味に関する中枢もあり、ここが損傷すると、物は見えてはいても、抽象画の世界のように何が何だかわからなくなるという。

視覚にはほかに盲視という興味深い現象がある。後頭葉の一次視覚皮質が失われると物は全く見えなくなるが、場合によっては無意識的に物の位置や動きがわかることがある。これを盲視と呼ぶ。実は視覚情報の経路には前述したもののほかに目から脳幹の上丘に向かう進化的に古い経路があり、これはさらに頭頂葉に行く。一次視覚皮質が失われてもこの経路が正常に働くと、盲視が生じるらしい。

機能の局在を成り立たせる脳の形態については澤口俊之の多重フレームモデルが明快である（たとえば澤口『「私」は脳のどこにいるのか』筑摩書房、1997参照）。

澤口によれば、脳はコラムと呼ばれる数万個のニューロンを含む最小の機能単位に分解できる。視覚情報について言えば、1つのコラムは線分の傾きや色の三原色といった視覚情報の構成要素を担《にな》っている。コラムが集まってモデュールをなし、モデュールが階層的に配列されてフレームができる。フレームはあるまとまった情報処理を行うシステムである。脳はある程度独立した多数のフレームが並列に重なりあっているスーパーシステムなのだ。心にひきつけて考えれば、心は小さな心に分解でき、それらを統合して高次な心ができあがってくるといったイメージを考えればよい。

因果性は錯覚にすぎない

さて、機能の局在説はどんぶり勘定では正しいと先に述べたのは、局在説に何の問題もないわけではないからだ。単純に考えても、脳はひとつの閉じたシステムであるから、自我は前頭連合野に局在しているとしても、前頭連合野だけを取り出して、そこに自我があるのかと言われればそんなことはないと言わざるを得ない。生きて働いている脳全体のシステムの中で、自我が生ずるためには、前頭連合野が中心的な役割を担っていることは間違いないが、それは完璧《かんぺき》に局在していることとはちょっと違う。

それは遺伝子と形態の関係に少し似ている。特定の遺伝子はそれに対応する形態発現にとって中心的な役割を担っているが、形態発現情報のすべてが遺伝子に局在しているわけではない。形態発現にとって、遺伝子を含む細胞内の高分子と高分子の関係性（発生場）が重要であるように、脳の機能発現にとっても、脳内のニューロンの活動は単独では意味をもたず、他のニューロンの活動との関係においてのみ意味をもつのだ。

考えてみれば当たり前な話であるが、それを明確なコトバで主張したのは茂木健一郎（『脳とクオリア』日経サイエンス社、１９９７）である。これを認識におけるマッハの原理という。茂木の考えは極めてまともであるが、具体的な研究プログラムにするのは今のところ不可能である。それはニューロンの活動を同時にモニターすることは、現在の技術水準の彼岸にあるからだ。茂木には他に相互作用同時性の原理という面白い考えがある。

因果関係が厳密に成立するためには、ある時刻τにあるシステムの状態$\Omega(\tau)$が与えられたときに、その状態のみから$d\tau$後のシステムの状態$\Omega(\tau+d\tau)$が導出される必要がある。これを$\Omega(\tau)\to\Omega(\tau+d\tau)$と書くこととする。さて、ここで２つの要素A、Bからなるシステムを考える。因果性の要請に応《こた》えるためには、t時における状態のみからδtにおける状態が導出できなければならない。すなわち$(A(t), B(t)) \to (A(t+\delta t), B(t+\delta t))$でなければならない。ところが、AとBの間に相互作用があるとして、相互作用の伝播《でんぱ》には有限の時間Δtがかかる。時刻tにおけるAの状態$A(t)$は$B(t-\Delta t)$の影響を受け、Bの状態は$A(t-\Delta t)$の影響を受ける。すると$(A(t+\delta t), B(t+\delta t))$を導出するには、$(A(t), B(t))$のみならず$(A(t-\Delta t), B(t-\Delta t))$をも考慮しなければならなくなり、因果性の要請が満たされなくなる。

そこで茂木は因果性が成立するためには、$B(t-\Delta t)$と$A(t)$、および$A(t-\Delta t)$と$B(t)$の間は固有時において同時でなければならないと主張する。茂木によれば、この原理は脳の中のニューロンの相互作用ばかりでなく、外部世界においても成立する時間原理だという。私はこの原理が脳内で成立するという茂木の意見に同意するが、外部世界でも成立するという意見には同意しない。

私には、固有時を構想しなければ、因果性を守れないという議論そのものが、この世界において因果性が成立しない証明であるとしか思えない。はっきり言えば、世界は因果律に従って動いているわけではないと私は思う。それにもかかわらず、人間が因果律にこだわるのは、茂木の言うように脳内のニューロンの相互作用が同時性の原理に従っているからなのだろう。因果性は自然法則ではなく、人間の脳が生み出した錯覚なのである。

脳そのものが変わっているのに

最後にクオリアの話をして本章はおしまいにしたい。

数百年後の脳科学の研究室で、アルコールを一滴も飲んだことのない研究者が、被験者にワインを飲んでもらって、そのときの脳のニューロンの活動パターンを調べている。ワインの微妙な味を感じるとき、ニューロンのネットワークがどのような活動状態になるかが完璧にわかり、日本酒を飲んだときとの違いまでわかったとする。しかし、アルコールを飲んだことのない研究者には、実はワインの味も日本酒の味もわからない。一方、飲んべえの被験者は、ニューロンのネットワークの話はあまりよく理解できないが、ワインの味も日本酒の味もよくわかり、場合によっては銘柄までわかる。

このような主観的なありありとした質感をクオリアと呼ぶ。クオリアは味以外にも、色やにおいや性感といった感覚にも同様に存在する。何が問題なのか。

たとえば、ある数式を人に伝えるときにはコトバで記述することができる。しかし、クオリアを客観的な脳科学のコトバで伝えても、主観的なクオリアは絶対に伝わらない。ワインの味のクオリアを理解するやり方には2つあり、ひとつは脳科学のコトバで記述することであり、ひとつはワインを飲むことである。主観的なクオリアは後者でなければわからない。この2つを結びつける論理はおそらく存在しない。ここには対応しかない。イヌというコトバと現実のイヌの間の関係と同じようなものだと私は思う。

ところで、認識におけるマッハの原理を認めると、クオリアを生じる脳内過程もまたこの原理に従うはずだ。するとクオリアの同一性は何によって保証されるのだろうか。クオリアの最大の難問はここにある。1年前に飲んだワインと今飲んだワインを同じ味だと感じるとき、脳内過程が厳密に同じであるとは考えられない。ニューロンネットワークの活動パターンは微妙に違うはずだ。そもそも脳そのものが1年前と今とは違うのだから。

それにもかかわらず、人はなぜ同じクオリアを感じるのか。微妙に違うニューロンの活動パターンを、ひとつの同一性にくる原理があるはずだ。それはおそらく、トポロジカルな数学的構造のようなものではないのか、というのが目下の私の予測である。

1. Descartes, René（１５９６～１６５０）フランスの哲学者、数学者。機械論的自然学を体系化した。
2. Penfield, Wilder Graves（１８９１～１９７６）カナダの脳神経外科医。
3. Eccles, John Carew（１９０３～１９９７）オーストラリアの神経生理学者。

summary　第14章のまとめ

【脳と心】

脳と心の関係については、昔からさまざまな主張がなされてきた。それは大きく二元論と一元論にわけられる。二元論は、脳と心は独立の存在であるとの考えで、デカルトがそう主張したことで有名である。二元論の立場を採ると、脳は科学的に解明できても心を科学的に解明するのは不可能となる。

一元論には唯心論《ゆいしんろん》と唯物論がある。現代の脳科学者のほとんどは後者の立場に立ち、それは心脳一元論と呼ばれる。この立場の主張を一言で言えば、「心は脳の機能である」となる。この言明の正しさはたくさんの脳科学の成果によって裏づけられている。

たとえば、前頭連合野が損傷すると人格が変わり、側頭葉の視覚中枢が破壊されると、物は見えていても、何が何だかわからなくなる、といったことが知られている。これらは特定の機能が脳の特定の部位の活動の結果であることを示している。

脳の機能を担う最小単位はコラムと呼ばれ数万個のニューロンからなる。コラムは集まってモデュールをなし、モデュールが階層的に配列されてフレームができる。脳の機能はこの順に統合されていく。フレームはあるまとまった情報処理を行うシステムである。脳はある程度独立した多数のフレームが並列に重なりあっているスーパーシステムである。

脳科学の難問のひとつにクオリアがある。クオリアとはありありと感じることができる主観的な質感のことだ。たとえばワインを飲んだときの独特の味や、足の裏をくすぐられたときの感じや、鮮やかな色彩感などだ。心脳一元論を採る限り、これらに対応する脳内過程がいかなるものであるかは、いずれ解明されるだろう。

しかし、だからと言って、クオリアの脳内過程の科学的記述を理解した人が、そのクオリアの主観的な質感を感じるわけではないのだ。ここにはただ対応しかないのだろうか、それともこの2つを結ぶ未知の論理があるのだろうか。

第15章

種間競争とニッチ

有利、不利は簡単に決まらない

同所的に生息する生物個体の間にはさまざまな関係がある。捕食や寄生といった個体と個体の間の直接的な関係もあれば、競争のようなエサや場所を取り合う関係もある。同じ種の個体同士の関係の場合は種内関係と呼ばれ、異なる種の場合は種間関係と呼ばれる。種間関係といっても種と種が直接関係するわけではない。関係するのはあくまでも個体である。

同所的に生息する生物間の関係は、進化を考える上でとても重要である。ある種に属する個体が他種の個体に捕食や寄生をされてなすすべもなく殺されていくのでは、その種は遠からず絶滅するであろうし、種間競争に負け続ける種も絶滅を余儀なくされるだろう。したがって、食う食われる、寄生寄主、競争関係等々にある複数の種が、同所的に共存しているのであれば、絶滅を回避する何らかのメカニズムが働いていると考えられる。

ひとつの考えは、絶滅を回避するために不利な種が形質を変化させ、相手もまたそれを追いかけて変化していくといった追いかけごっこがあるというものである。たとえば、逃げ足が遅いために肉食動物に食われ続けており、このままでは絶滅しそうな草食動物の足が少し速くなって肉食動物から逃げられるようになったとしよう(正確には、足の速い変異体は食われる確率が小さく、自然選択の結果、足の遅い元のタイプと入れ替わった)。すると、今度は肉食動物がエサに困って、追いつくために足が前より速くなると考えるわけだ。これを赤の女王仮説という。生物は同じ形質のままでいると絶滅してしまうというわけである。

赤の女王仮説は高校の教科書には載っていない。私はこの仮説をほとんど信じていないが、正統的な進化論の枠内では割に流行している説だ。この説のポイントは、捕食、寄生、競争等々の種間関係が、進化の原因になるということだ。それに対して、もうひとつの考えは次のようなものだ。

種間関係はどちらが有利、不利と一義的に決まるようなものではない。環境の微妙な変動や、自種と他種の個体数の割合等によって、有利、不利は絶えず入れ替わるので、一方的に絶滅することはない。この考えでは、種間関係が進化を推進するのに寄与できる割合はずっと少なくなる。私は、原則として種間関係は進化の原因ではなく結果だと思っている。よしんば、種間関係が進化の原因となる場合でも、自然選択過程によるのではなく、相互作用が形質や行動を直接的に変えるためだと思われる。本稿では種間競争に焦点を当てて、そのことを述べてみたい。

高校の教科書に種間競争の例としてまず必ず載っているのは2種のゾウリムシの種間競争の話である（大日本図書『生物ⅠB』のみ、ミジンコの種間競争の話であった）。

よく似た生活様式をもつヒメゾウリムシとゾウリムシの2種を1つの容器に入れて飼育すると、はじめのうちは両種とも増殖するが、やがて、生活力が旺盛《おうせい》で増殖率の高いヒメゾウリムシの個体群が成長を続け、他方のゾウリムシの個体群はしだいに衰えて消滅する。これは、両種の生活様式が似ているため、食物や生活空間をめぐって種間競争が起こるからである（第一学習社・生物ⅠB）

これは競争的排除則として知られるガウゼ[注1]の古典的な実験である。これは、同じようなニッチ（生態的地位）を占める近縁の2種は共存できない、というテーゼとして表される。
ニッチについては述べたことがあるが（第8章「生物多様性」）、あらためて説明しておく。参照した7つの『生物ⅠB』の教科書のうち啓林館を除く6つにニッチの説明がある。最も詳しいのは三省堂で、項目を立てて2ページにわたって具体的に説明している。

ある動物の食物連鎖における位置と主たる生活空間の生物群集のなかでの位置づけを、その動物の生態的地位という。たとえば、カマキリは肉食性の昆虫であり、他の昆虫を捕らえて食べる。カマキリの一種オオカマキリとハラビロカマキリはともに同じ地域に住むが、前者はおもに草むらで生活し、後者はおもに木の上で生活する。このような場合、オオカマキリとハラビロカマキリでは異なる生態的地位をもつという
（三省堂・生物ⅠB）

ニッチというのは、実はなかなかあいまいな概念である。種が違えば形質も行動パターンも微妙に違うであろうから、厳密に言えば、種が違えばニッチも少し違うだろう。高校の教科書には時に、「ニッチが同じ個体群間の争いを競争といい、ニッチが

同じ2種は共存できない」といった記述が見られるが（たとえば、実教出版『生物IB』）、これは間違いだと思う。たとえば、ニッチが全く同じで競争力も変わらない2種の個体間の競争は種内競争と同じであるから、この2種はむしろ共存すると考えたほうが合理的だ。

競争的排除が起こるのはニッチが同じではなく、ニッチが近い場合であろう。逆にニッチが離れれば競争は緩和され、共存できるだろう。この観点からは、競争的排除が成立するニッチの類似度の上限と下限があるに違いないという話になる。

他種との関係の中でアド・ホックに

ところで、ニッチの類似度はどうやって決めるのだろう。ハッチンソンはある生物種に影響するn個の環境要因があるとして、当該の生物が生活可能な範囲はn次元の多次元体になることから、これを基本ニッチと呼ぶことを提案した。実際には生物種は基本ニッチの全域に生息するわけではなく、他の生物種との関係により、それより狭い地域に生息することになる。これを実現ニッチと呼ぶ。

基本ニッチが個々の種ごとにあらかじめ決まっていれば、これに基づいてニッチの類似度を求めることが理論的にはできる。しかしわれわれが知ることができるのは実現ニッチだけである。そもそも基本ニッチなるものが本当にあるのかということになると、これは相当あやしくなる。ハッチンソンのモデルのn個の環境要因の中には他種の存在を前提としなければならないものも多いはずだ。他の生物種が全くいない場所ではほとんどの生物は存在できない。基本ニッチがあらかじめあって他種との関係で実現ニッチが決まるのではなく、生物は他種との関係の中でアド・ホックに（その場その場で）決まるニッチをもつだけだと考えたほうが合理的だ。

競争的排除が成立するのは、ある環境下におかれた2種の（実現）ニッチがたまたまほぼ重なって、しかも一方の種の増殖率がある時点からコンスタントにマイナスを続けた場合に限られる。変動する環境で2種の増殖率が周期的に逆転する場合や、共通の捕食者や寄生者がいて、競争的排除則が働くほど密度が高くならない場合には、競争はあっても共存する。[注2]

前者の例として2種のコクヌストモドキの競争を見てみよう。ヒラタコクヌストモドキは低温―乾燥状態で競争力が強く、実験室内の競争ではコクヌストモドキに常に勝利する。逆にコクヌストモドキは高温―多湿状態ではヒラタコクヌストモドキに常に勝つ。もし、気温と湿度が周期的に変動するならば、競争しながら両者は共存するに違いない。

後者の例としてアズキゾウムシとヨツモンマメゾウムシの競争を見てみよう。この2種は実験室内では共存できずどちらかが絶滅するが、共通の寄生蜂であるゾウムシコガネコバチがいると共存する。生物が実際に生息している野外では、環境は常に変動し、捕食者や寄生者の存在もごく普通であることを考えると、競争的排除が起こる場面はそんなに多くないと考えられる。

ならば、環境がコンスタントで捕食者も寄生者もいない所で競争が起これば、一方が必ず絶滅するのだろうか。どうやら事はそんなに単純ではないらしい。四方《よも》哲也《てつや》はグルタミン合成酵素活性が異なる大腸菌の変異株を使って、コンスタントな環境下で競争が起きても、必ずしも一方が絶滅に追い込まれるわけではないことを実験的に確かめた（『眠れる遺伝子進化論』講談社）。

まず四方は、野生型の大腸菌のグルタミン合成酵素をコードしているDNAを変異原にさらして突然変異を誘発させ、これを大腸菌に組み込んで、酵素活性の変化を調べてみた。すると驚くなかれ、およそ8割では酵素活性の低下が見られたが、何と2割では逆に酵素活性が上昇してしまったのだ。酵素活性が一番高いのが最適である、と素朴に考えれば、進化はグルタミン合成酵素を最適化していなかったのである。

そこで四方は、野生株（W）、グルタミン合成酵素の活性がより高い株（H）、より低い株（L）の3種の変異体を適宜組み合わせて培養して、競争的排除が起こるかどうか調べてみたのだ。

培養器には一定の速度で基質（エサ）であるグルタミン酸の溶液が入り込むようにして、同時に一定速度で増殖した菌を間引くようにした。培養液を常によくかきまぜて、環境が一定に保たれるようにした。はたして結果はどうであったか。WとLを競争させると、Lは絶滅してしまい競争的排除則が働くことがわかった。しかしHとL、あるいはHとWではどちらかが絶滅することなく共存したのである。

四方の解釈は次のようなものだ。たとえばHとLを一緒に培養すると、活性の高いHはグルタミン酸をどんどん体内に取り入れてグルタミンに合成して素早く増殖していくだろう（グルタミンは菌をつくる材料になる）。この状態が続けば、増殖速度が遅いLは絶滅してもよいはずだ。ところがHがある程度増えると、グルタミンがH菌から漏出してそれを使ってLは増殖できることになる。2種の競争力は常に一定ではなく、相手との相互作用によって変化するのである。LはHの密度が低い所では競争力は低いが、Hの密度の高い所では互角の勝負になるのだ。

四方はこれを競争的共存と名づけた。HとL、あるいはHとWの競争的共存は最初のH、L、Wの菌の数に関係なく起こることから、ほぼ必然的な結果だと考えられる。ここでは一応、環境がコンスタントなのにもかかわらず、競争的共存が起きたと述べたが、実は相手の存在自体が環境の一部であると考えれば、環境の変化につれて競争力が変化したとも考えられる。これは森下正明の環境密度理論につながる考えだ。森下（1952）[注3]はアリジゴクが巣をつくる場所を選択する時に、同種個体の密度と物理的環境の良しあしをはかりにかけて、良い場所が混んでいる時は、少々悪い場所でもすいている所に巣をつくることを発見した。密度も環境の一部なのである。

環境に応じて自らニッチを変える

環境の変化につれて、生物が行動や形質を変える現象は、（実現）ニッチとの関係からもとても重要である。生物は遺伝的制約の中でフレキシビリティーを発揮して、環境に合わせたニッチを自ら開拓しているのではないだろうか。

たとえば、トノサマバッタの相変異という現象がある。これは参照した7つの教科書のすべてに載っている。バッタは幼生の密度が高いと、遺伝的組成を変化させることなく翅《はね》の長い群生相と呼ばれるタイプになる（通常のものは孤独相と呼ばれる）。

どの教科書にも密度効果の例として載っているが、見方を変えれば、環境変化に合わせて、自らニッチを変化させせた例とも考えられる。

これと関連して、四方は興味深い実験を行っている。同じ遺伝子を持った大腸菌を継代培養していくと、同じ遺伝子組成であるにもかかわらず、異なる酵素活性をもつものに分岐していくというのだ。相互作用の結果、菌は細胞内の状態が変化して、表現型が変化するらしい。細胞内の状態は細胞分裂を通して伝えられるから、これはとりあえず遺伝される。今のところ、この変化は可逆的で、変異株のみを培養しておいても、分岐して元の表現型が出現するという。

もし、相互作用の結果、細胞内の状態が不可逆的に変化するということになれば、これはＤＮＡの変化によらずに進化が起きたことになり、構造主義生物学の主張と同じになるが、紙幅が尽きたので本章はこのへんで。

1. Gause, Georgyi Frantsevitch（１９１０～１９８６）ロシア（旧ソ連）の生態学者。
2. ゴミムシダマシ科の甲虫。
3. ウスバカゲロウの幼虫。家の軒下などの地面にすり鉢状の巣を作り、アリなどを捕獲する。

summary 第15章のまとめ

【種間競争とニッチ】

食物や生活空間がよく似た2種の生物間では競争が激しく、同所的に生活すると一方の種が滅んでしまうことがある。たとえばゾウリムシとヒメゾウリムシを同一の水槽内で飼育すると、ゾウリムシは絶滅してしまう。

この現象は競争的排除則として知られるもので、「同じニッチをもつ近縁の2種は共存できない」という標語で表される。ニッチ（生態的地位）とは、群集の中である生物種が占めている位置のことで、具体的には何を食べ、どこに住んでいるかという生活様式のことである。

完全に同一のニッチをもち競争力も同じ2種はむしろ共存するであろうから、競争的排除則が成立するためには、ごく近いニッチで、しかも競争力が異なる必要がある。ところが野外では環境もどんどん変化し、それに伴い競争力も変化するから、実際にどれだけ競争的排除則が成立しているか疑わしい。実験室内でも環境を複雑にすると共存することが多い。

たとえば、コクヌストモドキとヒラタコクヌストモドキは、温度と湿度によって競争力が違い、一定の環境条件では一方が絶滅するが、条件が周期的に変動すれば共存する。また、アズキゾウムシとヨツモンマメゾウムシは2種だけで飼うと一方が絶滅するが、共通の寄生蜂であるゾウムシコガネコバチがいると共存する。これは寄生蜂の存在によって2種の密度が抑えられ、競争が緩和されるからだと考えられる。

大腸菌のグルタミン合成酵素活性が異なる変異株同士の競争では、活性が高い株の増加が活性が低い株の競争力を強め、共存することが知られている。すなわち活性の高い株が増えるとグルタミンが培養液中に漏出し、活性の低い株はこれを利用して増殖するのである。

さらに生物は環境変化に合わせてニッチを自ら変化させることがある。たとえばトノサマバッタは密度が高くなると、翅の長い群生相になり、移動型のニッチに自らをつくりかえる。ニッチは種固有の性質というよりも、種が自らの遺伝的制約の枠組みの中で、環境変動に合わせて、その場その場で開拓するものだ、と考えるべきであろう。

第16章

人類の起源

人類の起源ならびにヒトの進化のプロセスを解説するのは難題かつ冒険である。学者間の論争が絶えず、定説がコロコロ変わるからである。従って高等学校の教科書には、最も面白い話は書いてない。参照した8つの『生物II』はすべてこの主題を扱っているが、扱い方の粗密は大きい。

ヒトが出現するまでのサル類（霊長類）は森林を中心とする環境に適応して、多種に分かれながら進化したグループで、前足と大脳にきわだった特徴がある。ヒトにもっとも近縁な動物はテナガザル、オランウータン、ゴリラ、チンパンジーなどの類人猿である。ヒトが類人猿ともっとも異なるところは、直立二足歩行をすることと、大脳が著しく巨大なことである。

類人猿と人類の化石を調べていくと、ヒトの直系に近い祖先としてもっとも古いものは、約450万年前から150万年くらい前までの期間にアフリカに生息していたアウストラロピテクス（分類学的な属名で、複数の種からなる）であることがわかる。アウストラロピテクス類は、大脳容積がヒトの1／3以下（チンパンジーと同じか、

少し大きい程度）であったが、確実に直立二足歩行をしていたことが明らかになっている（東京書籍・生物Ⅱ）

この教科書の人類の進化についての記述はこれだけであり、最も簡単であるが要点はよくまとめてある。ルーシーという愛称で知られるアウストラロピテクス・アファレンシスの骨格と、メアリー・リーキーが発見したアウストラロピテクス（おそらくアファレンシス）の二足歩行を示す足跡の化石が写真で示してある。一方、数研出版と三省堂のものにはアウストラロピテクスという語が使われておらず、人類の起源についての記述もおそまつである。

大日本図書のものにもアウストラロピテクスの語は使われていないが、類人猿と比べたヒトの特徴を8つ挙げており、ユニークなものとなっている。

ヒトは直立2足歩行をして、道具を使うようになった。ヒトには、霊長類に共通な特徴のほか、次のような形態的特徴がある。

1　頭骨が脊《せき》ついに結合する部分（大後頭孔）が頭骨の中央（真下）にある。

2　脊ついはゆるいS字状をしており、足から脳に衝撃が伝わりにくい。

3　骨盤は幅が広く、内臓を下から支えるようになっている。
4　後肢が長く、親指は他の4本と平行している。
5　土踏まずがある。
6　顎《あご》が小さく、顔の前面が垂直である。
7　歯列は半円形で、犬歯は小さい。
8　眼か上隆起が目立たない。
（大日本図書・生物Ⅱ）

これらは、類人猿と現生人類を比べた特徴である。1から5までは直立二足歩行と関係した形態であり、6から8は食性や脳の巨大化と関係した形態である。このうち、6と8は現生人類（新人＝ホモ・サピエンス）にのみ見られる形態であるが、残りはアウストラロピテクス以後の人類（ホミニド）に共通して見られるものである。6にはオトガイ（頤、下顎骨《かがくこつ》前端下部の突出）があることも含め記述した方がよいだろう。

分子時計は正確でない？

人類の起源について最も詳しいのは実教出版のもので4ページにわたる記述がある。チンパンジー、アウストラロピテクス、現生人類の頭骨のかなり詳しい比較が記載されている。また、ラマピテクス（約１３００万年前）やドリオピテクスについての記述もあり、ラマピテクスが類人猿とヒトの共通の祖先ではなく、オランウータンの祖先であるとの、現段階での定説もちゃんと書いてある（ラマピテクスについて記述しているのは他に教育出版のもののみであるが、類人猿とヒトの共通祖先であるとの、今では見捨てられた説が書いてある）。

知られる限り最古の霊長類は北アメリカ・モンタナで白亜紀末（６５００万年前）の地層から出たプルガトリウスで食虫類から進化したと考えられている。初期類人猿は中新世前期（２３００万年前）の東アフリカのプロコンスルから発するとされ、ここからアフリカではアフロピテクス、ケニアピテクス、ユーラシアでは、ドリオピテクス、シヴァピテクス、オレオピテクスなどが分岐したと考えられている。ラマピテクスは今ではシヴァピテクスの一部とされている。プロコンスルの中に類人猿とヒトの共通の祖先がいたことは間違いないと思われる。プロコンスルは樹上性の四足歩行動物で、前肢と後肢の長さが同じくらいだったらしい。ちなみにヒトは後肢が長く、現生類人猿は前肢が長い。

ラマピテクスがすでにオランウータンへの道を歩みはじめていたとすると、1300万年前には、オランウータンとヒトは分岐していたことになる。[注1]ミトコンドリアDNAを使った解析によれば、類人猿とヒトの分岐の順序は、まず〔オランウータン〕と〔ゴリラ、ヒト、チンパンジー、ボノボ〕、次いで〔ゴリラ〕と〔ヒト、チンパンジー、ボノボ〕、次に〔ヒト〕と〔チンパンジー、ボノボ〕、最後に〔チンパンジー〕と〔ボノボ〕であった。オランウータンの分岐年代を1300万年前と仮定すると、分岐の年代はそれぞれ、1300万年前、650万年前、500万年前、230万年前となる（宝来聰『DNA人類進化学』岩波書店）。

もちろんこれは、分子進化時計が正しいと仮定しての話である。瀬戸口烈司は、分子進化時計は正確な時計としては使えないとして、ヒトとチンパンジーの分岐は500万年前ではなく1000万年前と主張している（『「人類の起原」大論争』講談社）。瀬戸口の論拠は分子変化率（DNAの塩基の置換率）は生物の系統によって異なり、たとえば齧歯類《げっしるい》では速く、真猿類では遅いのではないかというところにある。

中立説（第5章参照）が正しいとすれば、ゲノムのシステムが同じであれば、分子変化率はマクロに見れば時計として使える。ただし、ゲノムのシステムが違えば、構造主義生物学の立場からすれば、分子変化率が別の速度に変化することは大いに考えられるから、瀬戸口の主張は理屈としては間違っていないと思う。ただ、今のところは、ヒトとチンパンジーの分岐が500万年前という分子系統学者の主張は古人類学的な事実と齟齬《そご》を来《きた》しているわけではないので信じてもいいと思う（分子系統学の最近の研究によれば、ヒトとチンパンジーの分岐年代はもう少し古く600万年前プラス・マイナス50万年ぐらいとも言われている）。

立ったら歩くしかない！

さて、アフリカの類人猿とヒトの共通の祖先の候補として有力なのはケニアピテクス（1400万年前）であるが、論争が絶えないのは、約440万年前の最古のホミニドとされるラミダス猿人とケニアピテクスの間の化石がほとんど見つからないからである（最近ラミダス猿人の別亜種とされるホミニド〔アルディピテクス・ラミダス・カダバ〕がエチオピアの580万〜520万年前の地層から発見された〔ヨハネス・ハイレ・セラシエ、２００１）。例外は９５０万年前のサンブルピテクスであるが、上顎の小臼歯《しょうきゅうし》２本が付いた部分と大臼歯３本が付いた部分しかないため、はっきりしたことがわからないのだ。石田英実の発見したもので、歯そのものはややヒト的、歯列や口蓋《こうがい》は類人猿的であったといわれる。

最古のホミニドとして有名なのはティム・ホワイトの調査隊（日本の諏訪《すわ》元も加わっていた）が発見したラミダス猿人（アルディピテクス・ラミダス）で犬歯がヒト的であったが、二足歩行していたかどうかわからないという。二足歩行していたと考えられる最古のホミニドはアナメンシス猿人（アウストラロピテクス・アナメンシス）で、ミーブ・リーキーらが発見したものだ。ルーシーで知られるアウストラロピテクス・アファレンシス（アファール猿人）にかなり近いと言われ、約４００万年前のものだ。アファール猿人は初期のアウストラロピテクスを代表するもので、二足歩行していたが、まだ脚より腕の方が長かったらしい。脳容量は４００ccくらいで、犬歯もやや大きめで、首から上は類人猿的な特徴を残していた。３６０万〜３００万年前のものだ。

人類は脳の巨大化や言語の使用などに先行して二足歩行をはじめたことは確からしい。問題はなぜ二足歩行をはじめたかにある。ホミニゼーション（ヒト化）が進行中だった頃の東アフリカでは、ちょうど気候が乾燥化して、森林がサバンナに変わりつつあったことから、二足歩行をサバンナへの適応形態だと考えるのが一般的であるが、構造主義生物学はもちろんそのような考え方はしない。二足歩行は大きな構造上の変化として適応とは無関係にまず起こったのであり、細かな形態変化が二次的な適応としてその後に生じたと考えるのである。

ラミダス猿人の生息地は一緒に出土した森林性のサルや樹木の種子などから、かなり深い森林だと判断されているという。森林だろうとサバンナだろうと、立ってしまったものは歩くより仕方がないのである。二足歩行の原因とされるサバンナへの進出や、社会構造の変化などは、すべて原因ではなくて結果であろう。オーウェン・ラヴジョイは子育てのために前肢も使って食物を運ぶ必要上、二足歩行が適応的行動として進化したのだと主張しているが、これは多分、話が逆なのだ。

最近、日本でも翻訳がいくつか出ているエレイン・モーガンのアクア説も、自然選択による適応というダーウィニズムの呪縛《じゅばく》から逃れられない典型である。モーガンによれば体毛の薄さ、厚い皮下脂肪、涙、二足歩行、対面性交などは、ヒトがかつて水《すい》棲《せい》生活をしていた時の適応だと考えないと説明できないという（たとえば『人は海辺で進化した』どうぶつ社）。

私見によれば、ヒトは適応とは無関係にゲノムシステムの変更によりヒトになったのではないかと思う。具体的に言えば、遺伝子のランダムな突然変異ではなく、遺伝子の使い方を今までのやり方とは少しだけ変えたのではなかろうか。これは普通に言われている突然変異ではなく、遺伝子発現システムの変更であり、その結果急激な形態変化を起こしたのだと思う。ヒトとチンパンジーのDNAは98・5%同じであり、他の生物ではこの違いは別種になる程のものではないという事実も、ホミニゼーションは突然変異と自然選択の繰り返しにより起きたわけではないことを示唆《しさ》するように思われる。

さて、アファール猿人の後のホミニドはどうなったか。ひとつの系統は、エチオピクス、ロブストゥス、ボイセイといったいわゆる頑丈なタイプのアウストラロピテクスで、これらはパラントロプスという別属に分類されることもある。頑丈な頰骨と丈夫な顎と大きな臼歯をもち、頭骨の最上部に矢状稜《しじょうりょう》と呼ばれる前後に走る稜を有し、眼窩《がんか》上隆起も顕著であり、低い額をもっていた。脳容量はアファール猿人と大差なかったらしい。硬い果実や木の実などを食べていたと思われる。エチオピクスは280万～220万年前のもので、ロブストゥス、ボイセイはともにそれぞれ200万～100万年前くらいのもので、同じ種の亜種（前者は南アフリカ、後者は東アフリカ）

ではないかとも言われる。この系統は現生人類から見れば側枝であり100万年前までには絶滅した。

直接の祖先はいまだ不明

もうひとつの系統はいわゆる華奢《きゃしゃ》なタイプのアウストラロピテクスでアファレンシス自身やアフリカヌスで代表される。矢状稜はなく、華奢な頬骨、盛り上がった額などをもっていた。アフリカヌスは300万〜250万年前くらいまで生存したと考えられている。ホモ属へと連なる系統は華奢なタイプのアウストラロピテクスであることは間違いないと考えられているが、直接の祖先ははっきりしない。

アフリカヌスを直接の祖先と考える人もいるが、ホモ属の祖先になるには歯が特殊化しすぎており、すでに分岐した後の側枝ではないかと考える人もいる。中にはその年代から考えて、アフリカヌスをホモ属ばかりでなく、パラントロプス類の祖先（すなわち、ホモとパラントロプスの共通の祖先）と考える人もいる。

最近、アウストラロピテクス・ガルヒ（ガルヒ猿人）がエチオピアの250万年前の地層から発見され話題になっている。ガルヒは華奢なタイプのアウストラロピテクスで脳容量は450ccだが、脚の長さが現生人類に近く、発掘の状況から見ると肉食をしていたらしい。ただ不思議なことに第二大臼歯はパラントロプス以上に大きく(これは植物食への適応形態と考えられる)、肉食と矛盾する。はっきり言って華奢なタイプのアウストラロピテクスのどれがホモの直接の祖先かはまだ不明という他はあるまい。

さて、ホミニドはホモ属になるや否《いな》や脳の巨大化をはじめる。それ以後の話は次章。

1．真核細胞の酸素呼吸に関与する細胞内小器官、ミトコンドリアのゲノム。環状の二本鎖からなる。

summary　第16章のまとめ

【人類の起源】

ヒトが含まれる霊長類は食虫類から進化したと考えられており、最古の霊長類は6500万年前（中生代白亜紀末）のプルガトリウスと言われる。ヒトと類人猿の共通の祖先は新生代中新世（2300万年前）に出現したプロコンスルと呼ばれる初期類人猿で、オランウータンは1300万年前にはすでにヒトやアフリカの類人猿（ゴリラ、チンパンジー）の系統から分岐して独自の道を歩きはじめたと考えられている。一方、ヒトへの進化はこれ以後200万年前頃まで、もっぱらアフリカを舞台に進行することになる。

ミトコンドリアDNAを使った解析によれば、〔ゴリラ〕と〔ヒト、チンパンジー〕は650万年前に、ヒトとチンパンジーは500万年前に分岐したとされる。これは最古の人類（ラミダス猿人）が発見されている440万年前という年代と矛盾しない。もっともこれは2000年までの話で、2001年になりエチオピアの580万～520万年前の地層からラミダス猿人の別亜種とされるホミニドが発見された。

人類と類人猿を分ける最大の特徴は二足歩行である。400万年前のアナメンシス猿人（アウストラロピテクス・アナメンシス）はすでに二足歩行をしていたとされる。400万年前から200万年前までは華奢なタイプのアウストラロピテクスの時代であり、アファレンシス、アフリカヌスといった化石が出土している。

華奢なタイプのアウストラロピテクスが特化して頑丈なタイプのアウストラロピテクスが分岐したと考えられている。このタイプは華奢なタイプに比べ丈夫な顎と大きな臼歯をもち、硬い植物を食べるのに適応していたと思われるが、ヒトへの系統からははずれた側枝であり、100万年前までには絶滅した。

アウストラロピテクスの脳容量は小さく400〜500ccであり、言語はまだなかったと思われる。二足歩行をしていたとはいえ、後肢は現生人類に比べて短く、頭骨も類人猿と現生人類の中間くらいの形態であった。

華奢なタイプのアウストラロピテクスの中から現生人類に連なるホモ属が出現したのは200万年より少し前ぐらいのことである。

第17章

現代人への道

4種が同所的に生息していた!

現生人類と同じ属(ホモ)が華奢《きゃしゃ》なタイプのアウストラロピテクスから進化したらしいことは前章で述べた。本章ではそれ以後の話をしよう。高校の教科書にはアウストラロピテクスから現生人類(ホモ・サピエンス)に至る進化史についての記述は何もない。身体的特徴がどう変化したかについての記述があるだけだ。そのことについても前章で記した。アウストラロピテクスと初期のホモの最も大きな違いは脳の巨大化である。

知られる限り最古のホモは約250万年前のアフリカに現れたと考えられている。というのはエチオピアのゴナで250万年前の原始的石器が発見されているからだ。石器があったということは石器が作れるほどの脳があったということでもある。これはオルドゥヴァイ文化と呼ばれる石器文化で、注1リーキー夫妻が東アフリカ、オルドゥヴァイ峡谷で発見したことからそう呼ばれる。この石器文化は約100万年近く続き、文化の担《にな》い手は何種かのホモ属の人類だと思われる。

初期のホモの分類は混乱を極めているが、3種ほどいたらしいという暫定的《ざんていてき》結論で今のところはおさまっている。ホモ・ルドルフェンシス、ホモ・ハビリスそしてホモ・エルガステルである。いちばん原始的なのはホモ・ハビリス。これはルイス・リーキーらがオルドゥヴァイ峡谷から発見した180万年前のOH7と呼ばれる化石(と他のいくつかの化石)に基づいて名づけたもので、ホモの中では脳容量が小さく(OH7のそれは680cc)、背も小さく、四肢が原始的(腕が極めて長い)であった。

ホモ・ルドルフェンシスは東アフリカ、トゥルカナ湖東岸のクービ・フォラから出土した190万年前のER1470と名づけられた化石を基に命名されたもので、ハビリスよりも大型で、脳容量も750～800ccとより大きい。オルドゥヴァイ文化の初期の担い手はハビリスよりもむしろルドルフェンシスではないかと考えられている。

第三の種、ホモ・エルガステルはクービ・フォラから出土した150万年前の化石でER992と呼ばれる標本に基づき命名されたものだ。この種の最も古い化石はER3733として知られる、クービ・フォラから出土した180万年前のものである。脳容量は850ccと推定され、3種の中では最も大きい。エルガステルの標本で最も有名なのは、トゥルカナ湖西岸ナリオコトメから出土した160万年前のほぼ完全な全身骨格の化石で、「トゥルカナ・ボーイ」と通称される。ボーイは9歳ぐらいと推定され、背が高く160㎝もあり、成人になったら185㎝に達したに違いないと考えられている。脳容量は880㏄で現生人類と比べるとさほど大きくないが、驚くべきことは首から下はかなり人間的で全体のプロポーションは現生人類そっくりだったことだ。ほぼ同時代に生息していたハビリスの四肢が原始的（脚が短く、腕が長い）だったのに比べ、著しい対照をなしている。

さらに驚くべきことは、同時代のクービ・フォラには頑丈タイプのアウストラロピテクス（パラントロプス）、ボイセイも同所的に生息していたことだ。ということは少なくとも190万〜180万年前のクービ・フォラには3つのホモ属の種（ハビリス、ルドルフェンシス、エルガステル）とボイセイの計4種が同所的に生息していたということになる。

これは、人類の進化パターンとして、原始的な種が徐々に高等な種になっていったという進化観を打ち砕くものだ。

原始的なハビリスが進化してルドルフェンシスになり、それがさらにエルガステルになったわけではないのだ。これらは進化史のどこかで種分岐して、互いに独自の道を歩いていたのだ。現在のところ、種分岐のパターンは全く不明である。構造主義生物学は同所的種分岐を否定しないし、むしろ同所的種分岐こそメジャーな種分岐様式だと主張する（詳しくは拙著『構造主義と進化論』海鳴社などを参照）ので、4種が同所的に共存しても驚かない。もちろん、同所的に生息することは同所的に種分岐したことを意味しないが、異所的に種分岐したという証拠もないのである。

生態学的な面からも、同所的に生息することは、互いに影響を及ぼし合って、形態や行動の分化を促進するのではないかと考える人もいる。人類学者の山極寿一は、人類は他の種の人類と共存することによって急激な進化を起こしたのではないかと述べている（『父という余分なもの』新書館）。共存は行動や形質を変化させるが、普通それは不可逆的な進化には結びつかない。また共存が進化を促進するとしても、そのメカニズムとして突然変異と自然選択だけでこと足りるかどうかも、はっきり言って不明という他はない。

機能は構造を変えられない

現生人類と類人猿あるいはアウストラロピテクスの大きな違いは、巨大な脳とそれに伴う言語の使用、およびネオテニー（幼形成熟）である。ヒトは二足歩行をして手がフリーになり、手で道具を作ることができるようになった。

葉山杉夫は『ヒトの誕生』（ＰＨＰ新書）の中で、手で細かい仕事を行えば脳が刺激されて、これが脳の発達を促したと述べているが、構造主義生物学の立場から言えば、これは話が逆なのだ。ヒトは脳が巨大になったので細かい手先の仕事ができるようになったわけで、細かい仕事をしたので脳が巨大になったわけではない、と私は思う。構造は機能を変えるが、機能は構造を大幅に変えることはできない。ならば構造はなぜ変わるのか。脳の巨大化を促進するようなシステム上の変更があったのだと、とりあえずは言う他はないが、重要なのはシステムの変更は自然選択とは無関係に起こることだ。自然選択は定立したシステムの存亡に関与することができるだけなのである。

システムの変更の中には、当然ネオテニーも含まれるだろう。ネオテニーとは子供の形質をもったまま成人になることだ。ヒトとチンパンジーは子供の時は比較的似ているが、大人になると違いがより明瞭《めいりよう》になる。ヒトのネオテニー化が強く進んだ結果だ。脳が体に比べて大きいこと、体毛がうすいこと、歯が小さいこと、頭が脊柱《せきちゆう》の上にあること、脳屈曲（鼻先から頭骨を通り脊柱から尾に至る体の正中線が頭頂部で１

80度向きを変えること）が大人になっても保たれること、等々はネオテニーと関連して起こる。脳の巨大化とネオテニーは形質発現システムの大変更の結果起きた急激な進化であったと思われる。二足歩行をしていたアウストラロピテクスの脳容量は200万年以上もの間、ほとんど変わらなかったことを考えれば、二足歩行を可能にしたシステムの変更と、脳の巨大化をもたらしたシステムの変更は、とりあえずは別の出来事であったと考えねばならないだろう。

ホリー・スミスは第一大臼歯《だいきゅうし》の生える年齢と脳容量を相関させることにより、化石人類の成長パターンを推定した。スミスによるとアウストラロピテクスの成長パターンは類人猿に近く、後期のホモ（後期のエレクトス、ハイデルベルゲンシス、ネアンデルタールレンシスなど）は現生人類と同じで、ホモ・エルガステルは中間的であったという。前述したトゥルカナ・ボーイは、大臼歯の状態から9歳と推定されたが、類人猿的な成長を遂げていれば7歳、現生人類的な成長をしていれば12歳にあたる。このことからわかるように、ネオテニーは成長を遅らせ寿命を延ばす。尾本恵市はネオテニーは調節遺伝子の突然変異により生じたと考えているようだが（注2）（『ヒトはいかにして生まれたか』岩波書店）、私はむしろゲノムシステム自体の変更により起こったと考えている。

広く信じられているところによれば、エルガステルは少なくとも150万年より前に（200万年より前と考えている人もいる）アジアにわたり、ホモ・エレクトスに分化したとされる。有名なジャワ原人（130万〜70万年前）やそれより新しい北京《ペキン》原人である。少し前まではこれらの原人たちが進化して現在のアジア人になったという説が有力であったが、現代人のミトコンドリアDNAの解析から、すべての現代人は、たかだか14万年ほど前に分岐したことがわかり（宝来聰『DNA人類進化学』岩波書店）、エレクトスの系統が絶滅したことはまず間違いない。

それでは現生人類はどこからきたのか。アフリカに残ったエルガステルはハイデルベルゲンシスという、より現生人類に近い種に進化したらしい。最古のハイデルベルゲンシスはエチオピアから出土した60万年前のものとされるが、この名称は元来はヨーロッパ産の40万年ほど前の化石に与えられたもので、アフリカ産のものは、ホモ・アンテセソールと呼ぶべきだとの意見もある（アンテセソールはスペイン北部で出土した78万年前と推定される化石に与えられた種名である。この化石はエルガステルと現生人類を結ぶ最古のものだ）。この意見に従えば、アンテセソールからサピエンスとハイデルベルゲンシスが分岐し、ハイデルベルゲンシスがネアンデルターレンシスに進化したことになる（アンテセソールとハイデルベルゲンシスを同一種とみなせば、ハイデルベルゲンシスからサピエンスとネアンデルターレンシスが分岐したことになる)。

サピエンスは現生人類の種小名でネアンデルターレンシスはネアンデルタール人の種小名である。それでは分岐の年代はいつごろなのか。最古のサピエンスらしい化石は南アフリカ、フローリスバッドで見つかった26万年前のもので、眼窩《がんか》上隆起が目立たず、額の幅が広く、現代人的な特徴を有している。最古のネアンデルタール人はスペインから見つかった30万年前のもので、分厚い骨、大きな眼窩上隆起などを有している。

決着したネアンデルタール論争

古人類学上、ネアンデルタール人と現生人類の関係ほど論争が激しかった分野はない。ネアンデルタール人は脳容量こそ1500cc で現生人類のそれ (平均1350cc、ちなみにエレクトスは1000cc、ハイデルベルゲンシスは1000cc～1300cc) より大きいが、前頭葉が発達しておらず、知性はだいぶ劣っていたと考えられている。眼窩上隆起は大きく、鼻は巨大で、頬骨はふくらみ、頤《おとがい》はない。体は背こそやや低いが、頑丈で、四肢の骨は太く、関節も巨大で、筋骨隆々としていたと考えられている。論争は、ネアンデルタール人が現生人類の祖先なのか、それとも絶滅した側枝なのかというところにあった。

分子系統学的には、この問題はすでに決着がついている。先に現生人類の共通祖先は14万年前にさかのぼれると述べたが、ネアンデルタール人の化石からミトコンドリアDNAを取り出して現生人類と比較した人がいるのだ。その結果、現生人類とネアンデルタール人の分岐年代は、約60万年前ごろと推定された。ちょうど最古のハイデルベルゲンシスが出現したころだ。

ネアンデルタール人は20万〜3万年前ぐらいまでヨーロッパから中東にかけて広く分布していたようである。一方、サピエンスは10万年より少し前ごろまでには広くアフリカに分布していたようで、10万年前ごろには中東に分布を広げたらしい。イスラエルでは10万年前ごろにネアンデルタール人とサピエンスが数万年にわたって共存していた。シャテルペロン文化と呼ばれる3・6万年前ごろのヨーロッパの石器文化は、ネアンデルタール人がサピエンスの石器文化をまねしたものだと言われている。最近E・トリンカウスはポルトガルのレイリアから出土した2・5万年前ごろの幼児の化石が、サピエンスとネアンデルタール人の混血児であったと主張し物議をかもしている。共存していたのが事実なら、混血児が生まれても不思議はない。混血児は適応度が低く、両者は混血により融合するほどにはゲノムシステムが近くなかったと考えればよい。

リーバーマン（1998）は、現代人の頭骨の大部分の特徴は発生初期における蝶《ちょう》形骨の短縮のみによりもたらされたと論じている。これは初期発生システムの微妙な変更により、大きな形態変化が起きることを示唆《しさ》し、人類進化を考える上で極めて興味深い。いずれにせよ、サピエンスとネアンデルターレンシスは別種であり、後者は遅くとも2・4万年前ごろまでには絶滅したことは確かであろう。

ところで、トゥルカナ・ボーイはしゃべれなかったらしいが、ネアンデルタール人はしゃべれたのだろうか。言語学者のリーバーマンは、ネアンデルタール人の化石の頭蓋底《ずがいてい》の形から音道を復元し、ロクなコトバをしゃべれなかったと結論した。喉頭《こうとう》の位置がチンパンジー並みに高かったからだ（喉頭が高いと息が口に抜けず、鼻孔に抜けてしまうので話せない）。もちろん反論もある。葉山は舌骨の形が現代人と同じことと脳容量の大きさを論拠に、しゃべれたに違いないと述べている（私もそう思う）。

10万年前、アフリカを出たサピエンスはアジアではエレクトス、ヨーロッパではネアンデルターレンシスと置換して（という意味は戦って滅ぼしたということではない）、全世界に生息するホモはサピエンス1種になった。その話は機会があればいずれどこかで。

1．Leakey, Louis Seymour Bazett（1903〜1972）、Mary（1913〜1996）イギリスの考古学者・人類学者夫妻。その子供たちがジョナサンとリチャードで、第16章に登場したミーブ・リーキーはリチャードの妻。いずれも人類学に貢献した。

2．たんぱく質をコードする遺伝子の発現を制御する遺伝子。

summary 第17章のまとめ

【現代人への道】

現生人類（ホモ・サピエンス）と同じ属（ホモ）が出現したのは、250万年前のアフリカで、華奢なタイプのアウストラロピテクスから分岐したと考えられている。初期のホモは何種かいたようで、今のところ、ルドルフェンシス、ハビリス、エルガステルの3種が知られている。小型で脳容量もやや小さめ（680cc）で四肢も原始的なのはハビリス、やや大型で脳容量も少し大きい（800cc）のはルドルフェンシス、長身で脳容量が大きく（850cc）全身骨格が最も現生人類的なのはエルガステルである。

これらの3種と頑丈型のアウストラロピテクスの1種ボイセイは190万～180万年前の東アフリカで共存していたらしい。このことから人類の進化は複線的であったことがわかる。現生人類に連なる系統はエルガステルで、ここから分かれて200万～150万年前にアジアにわたったものはエレクトス（ジャワ原人、北京原人など）となった。

アフリカに残ったエルガステルはハイデルベルゲンシス（またはそれに近縁の

種）に進化し、これがヨーロッパに渡ってネアンデルタール人になり、アフリカに残ったものは現生人類（サピエンス）に進化した。

知られる限り最古のサピエンスの化石は南アフリカから出土した26万年前のものであり、最古のネアンデルタール人の化石はスペイン出土の30万年前のものだ。ミトコンドリアDNAの解析から、現生人類とネアンデルタール人の分岐年代は60万年前と推定されており、すべての現代人の共通祖先は14万年前と推定されている。

すなわち、すべての現代人は14万年前のアフリカに起源し、エレクトスやネアンデルタール人は現代人に連なることなく絶滅したと思われる。サピエンスがアフリカを出たのは10万年前ごろだと推定されている。

現代人を特徴づけるのはネオテニー（幼形成熟）と脳の巨大化と前頭葉の発達であるが、これらは自然選択ではなく、発生システムの変更により生じたのではないかと思われる。

第18章

がんの生物学

ヤクザな生き方を選んだ細胞

不思議なことに、高校の生物の教科書には「がん」という語はただのひとこともでてこない（徹底的に調べたわけではないので、もしかしたらひとことぐらいは載っているかもしれないが、7つの『生物ＩＢ』と8つの『生物II』の索引には全く載っていなかった）。「がんの生物学」はまさに高校の「教科書にない生物学」である。

生物学や医学の専門家にとっては、がんは遺伝子の異常によって起こる病気であることは、今や常識となったが、多くの一般の人にとっては、ストレスや発がん物質で[注1]起こる病気として理解されているはずだ。ならば、一般の人の理解は間違っているのかというと、決してそんなことはない。発がん物質は遺伝子を異常にさせる変異原だからである。

何が原因か、という問題はなかなか難しい。たとえば、遺伝子の異常ががんの原因のすべてである、と言われると、ハテナと考えてしまう。発がんに関与する遺伝子

（DNA）だけからでは、もちろんがんをつくることはできないからである。がんが発生するためには生きた細胞がなければならない。細胞がなければがんもまたない。細胞は生きるために遺伝子を道具として使う。道具がおかしくなると、まっとうに生きられずに、ついヤクザな生き方になってしまう。細胞のヤクザな生き方ががんだ、ととりあえずは理解しておいてくれてよい。

人工的にがんをつくったのは日本の山極勝三郎[注2]（1915）をもって嚆矢《こうし》とする。山極はウサギの皮膚にコールタールを塗って、人工的に皮膚がんを起こさせたのである。その後の研究によりコールタールに含まれるいくつかの化学成分（たとえばジメチルベンゾアントラセン）が発がん物質であることが判明した。それとともに発がん物質は他にもたくさんあることがわかってきた。一方、X線もまた高頻度でがんを誘発する。これらのことから、ある特定の病因が体に侵入してそれに対応する特定の病気を引き起こすといった単純な病因論は、がんには当てはまらないことがわかる。

発がん物質やX線は、遺伝子の変異を誘発する変異原であることから、がんもまた遺伝子に生ずる変異が原因ではないかとの考えは1970年代には確固としたものとなってきた。自動車の普及している地域やタバコを吸う人に肺がんが多いことをはじめとして、生活習慣の違いにより、好発するがんの種類もまた違ってくることは、変異原にさらされる率の違いと考えれば理解しやすい。

一方、がんは感染症だという考えに固執する人たちもたくさんいた。ニワトリの肉《にく》腫《しゅ》のあるものはウイルスによる感染症であることがはっきりしていた。1911年にペイトン・ラウスが発見したことから、このウイルスにはRSV（ラウス肉腫ウイルス）という名がつけられた。1930年代になると、ウサギの皮膚がん、マウスの乳がんなどを引き起こすウイルスが続々と見つかった。しかし、ヒトのがんを感染症だと考えることは難しかった。ヒトのがんには感染症特有の患者の分布パターンがみられないのである。

遺伝子の変異か、ウイルスの感染症か、という一見、二者択一的ながんの原因が、実は矛盾するものではないことは1970年代になるまでわからなかった。その頃までには、ウイルスによって誘発されるがんの原因は、ウイルスの遺伝子によるものだ、との考えが受け入れられており、いずれにしても、がんの原因は遺伝子にあることははっきりしていたが、問題は細胞に内在する遺伝子の異常によるのか、それともウイルスによって外からもち込まれた遺伝子によるのかというところにあった。

1976年にRSVの発がん遺伝子（src）が、正常なニワトリの細胞にも広く存在することがつきとめられるに及んでこの論争には決着がついた。srcはRSV

がニワトリの正常細胞に感染した際に、正常細胞のゲノムから切り出してRSVの中に組み込んだ遺伝子だったのだ。正常なニワトリの細胞のsrcは発がん性をもたず、RSVの中のsrcが発がん性をもつということは、この2つはほんの少し違うということではないか。実はがん遺伝子に変異する前の遺伝子は発がん性をもたないばかりか正常発生に不可欠の遺伝子だったのだ。今では、この正常な方の遺伝子は原がん遺伝子と呼ばれている。

ところで、ひとつの原がん遺伝子ががん遺伝子に変異すれば、細胞はいきなりがん化するのだろうか。どうも事はそんなに単純なものではないらしい。直腸がんによる死亡率と年齢の関係を調べてみると、死亡率はおおよそ年齢の4乗に比例していることがわかった。遺伝子の突然変異はランダムに起こるということになっているから、もし単一の原がん遺伝子ががん遺伝子になってがんが発症するなら、少なくとも4つの独立であってよいはずだ。4乗に比例するということは、少なくとも4つの独立の遺伝子が4つともに変異してはじめてがんが発症することを意味している。

がん化しそうな細胞は自殺する

今では発がんに関与する遺伝子は次の3つのタイプに分類できることがわかっている。

(1)がん遺伝子
(2)がん抑制遺伝子
(3)DNA修復遺伝子

(1)のタイプはいわゆるがん遺伝子で、細胞のがん化を促進する。先に述べたｓｒｃをはじめとして、ｒａｓやｍｙｃなどのがん遺伝子はこのタイプである。ｒａｓは最初ラットの肉腫ウイルスから見つけられたがん遺伝子で、ヒトの膀胱《ぼうこう》がんからも見つかっている。ｒａｓの正常遺伝子（原がん遺伝子）は外部からの増殖因子に反応して、細胞を増殖させるためのシグナル（たんぱく質）を出す。このシグナルに従って細胞は分裂して増殖する。増殖因子がなくなればシグナルもなくなり増殖は止まる。ところががん遺伝子となったｒａｓは増殖因子がないのにシグナルを出し続けるのだ。際限のない増殖というがんのひとつの特徴はこのようにして獲得される。ｍｙｃはヒトでは子宮頸《けい》がんや脳腫瘍《のうしゅよう》から見つかるがん遺伝子である。正常mycは増殖因子に反応して、増殖に関与する他の遺伝子の発現をうながす。増殖因子がなければ働くことはない。ところが、これがかん遺伝子になると常に働き出し、やっかいなことになる。ある種のがんではmycのコピー数が増加して、この働きをさらに強めているらしい。mycはがん細胞の不死化にも関与しているらしい。

rasもmycも、それだけで細胞ががん化することはなく、いくつかの要因が合わさって初めて発がんする。たとえばラット胎児の細胞にrasかmycのどちらかひとつのがん遺伝子を入れても発がんしないが、両方ともに入れると発がんしたという報告がある。

(2)のがん抑制遺伝子は、増殖をコントロールしたり、がん化しそうな細胞を自殺させたりする遺伝子である。がん抑制遺伝子の発見は、正常細胞とがん細胞を融合させる実験から始まった。融合細胞はどれもがん化の能力を失ったのだ。正常細胞の中にがん化を抑制する何ものかがあるに違いない。それからがん抑制遺伝子探しがはじまった。

最初に見つかったのは、幼児にできる網膜芽腫[注3]という目のがんに関与しているRb遺伝子である。第13番目の染色体にのっているこの遺伝子は、相同染色体のどちらかが正常ならば発がんしないが、両方ともに異常になると網膜芽腫を引き起こすことがわかった。その後Rbの機能は細胞周期を止めることであることが判明した。細胞周期を回すためにはDNAを合成してゲノムを倍化しなければならないが、Rbたんぱく質は、DNA合成後の遺伝子のスイッチを入れる転写因子に結合して、スイッチをオフにしてしまうらしい。

がん抑制遺伝子の働きはがん遺伝子よりもバラエティに富んでいる。細胞周期がG_1期からDNAの複製期であるS期に移行するにはサイクリンとCDK（サイクリン・ディペンデント・キナーゼ）が結合する必要があるが、CKIというたんぱく質はサイクリン－CDK複合体に結合して細胞周期を止めている（詳しくは第13章「代謝と循環」参照）。だからP15、P16、P21などのCKIをコードする遺伝子はがん抑制遺伝子としても機能する。

最も有名ながん抑制遺伝子はP53であろう。DNAは様々な化学物質や紫外線によって常に損傷の危険にさらされている。DNAが損傷すると、P53が発現して細胞周期を一時止める。損傷が修復可能であれば、その間に修復措置が働くが、修復不可能であるとP53は細胞を自殺させてしまうのだ（これをアポトーシスという）。遺伝子が損傷してがん化しそうな細胞は、ほとんどの場合自殺させられてしまうわけだ。P

53が機能しなくなると、損傷遺伝子をもつ細胞が増殖してがん化の危険性は大幅に高まる。

中にはP53のたんぱく質の機能を阻止するがん遺伝子もある。ヒトパピローマウイルス（子宮頸がんを起こすウイルス）がつくるE6というたんぱく質は、P53のたんぱく質の機能を奪ってアポトーシスを阻止する。

次いで(3)のDNA修復遺伝子について述べよう。DNAは常に損傷を受けている。外部からのバイアスばかりでなく、複製の際のミスコピーによってDNAに変異が起きることも多い。日に焼けると皮膚がんの危険が増大するのは、紫外線によってDNAが損傷を受けるばかりでなく、日に焼けた皮膚の細胞が死んで、新しい細胞が再生される時にミスコピーが起きるからである。

通常ミスコピーは直ちにチェックされて修復される。修復に関与する遺伝子はいくつもあり、これが異常になると発がんの危険が高まる。たとえばHNPCC（遺伝性非ポリポシス大腸がん）の人はDNA修復に関与する遺伝子に欠陥があることが判明している。不思議なことに、DNA修復遺伝子が異常になったのであれば、体のあちこちにがんが発症してもよさそうなのに、HNPCCの原因遺伝子をもつ人がなりやすいがんは大腸と子宮内膜にほぼ限定されている。理由はよくわかっていない。

宝くじに当たるより難しい

細胞ががん化するというのは、極めて大変なことであるのはおわかりいただけたと思う。ヒトの体は60兆個もの細胞からできているという。がんにならずに100歳以上生きる人もいることから考えても、細胞ががんになるのは宝くじに当たるよりも難しいことは確かである。さらに首尾よくがんになっても、免疫系のNK（ナチュラル・キラー）細胞により殺されてしまう（第10章「免疫とは何か」参照）。

がん細胞はたしかに非自己たんぱく質をつくるわけだから、NK細胞に殺されるのはよくわかる。むしろ問題は殺されない奴《やつ》がいるのはなぜかにある。ひとつの答えは、がんの非自己たんぱく質は自己たんぱく質に極めて似ており、分断されて抗原提示に使われるペプチドは自己のものと区別がつかないのではないかということである。もうひとつはがん細胞の中にはMHCクラスI分子が欠損しているものがいるらしいことである。[注4]

最後にがんの転移について述べよう。がんはいくら大きくなっても転移しなければ、寄主の命を奪うことはない。がんが転移するにはまず、上皮細胞を囲む基底膜をつき破って血管やリンパ管の中に侵入しなければならない。そのためには基底膜をつくっているコラーゲンやプロテオグリカンといった繊維性の物質を溶かす必要がある。この能力がないとがんは転移できない。最近、コラーゲンを溶かす酵素の働きを阻止するＴＩＭＰというたんぱく質が発見されたので、がんの転移を生化学的に阻止することも夢ではなくなりそうだ。

さらに転移した先で大きくなるには血管増殖因子をつくり、毛細血管を腫瘍の内外に張り巡らせる必要がある。毛細血管が張り巡らされていないとがん細胞に栄養が届かず、がんは死んでしまうからだ。不思議なことに原発性のがんは、自らは血管増殖因子によって増大しているにもかかわらず、転移したがんに対しては血管増殖阻止因子を送っているらしいのだ。原発がんを手術で除去すると、転移がんが急に大きくなるのは、このことと関係しているらしい。

なぜがんがこの世界に存在するのかは私にはわからない。それはヒトがなぜこの世界に存在するのか、と同じくらい無意味な問いだ。存在するものは存在し、存在しないものは存在しないと言う他はない。ただがんが遺伝子の異常によって起こるものならば、遺伝子治療の進歩はいずれがんの根治技術を開発するであろうことを疑う理由はない。

1．短期間のうちに、動物へがんを高率で発生させる物質。多環式炭化水素、アゾ化合物など。
2．（1863～1930）信州生まれの病理学者。
3．幼児期のがんの1種。網膜のニューロン前駆細胞が腫瘍細胞に分化する。
4．細胞のMHCクラスI分子が欠損していると、キラーT細胞が認識できず、殺されない可能性が高い（キラーT細胞はMHCクラスI分子に外部抗原が結合したものを認識してこれを殺す。第10章参照）。

summary　第18章のまとめ

【がんの生物学】

がんはがん細胞の増殖によって生ずる病気で、がん細胞は無秩序な分裂増殖と不死化を特徴とする。がんの原因は、細胞分裂を制御している遺伝子や、ＤＮＡの修復に関与している遺伝子が、変異を起こして正常に機能しなくなることにある。

発がんに関与する遺伝子のタイプは大きく分けて3つある。ひとつは外部からの細胞増殖因子に応《こた》えて、細胞を増殖させるためのシグナルを出す遺伝子である。このタイプの正常な遺伝子は原がん遺伝子と呼ばれ、正常な細胞の増殖に関与している。これががん遺伝子に変異すると、増殖因子の有無にかかわらず、増殖シグナルを出し続け、細胞は暴走と不死化を起こすことになる。

ふたつめのタイプの遺伝子は、がん抑制遺伝子と呼ばれ、たとえひとつめのタイプの遺伝子が変異を起こしたとしても、がん化を抑える遺伝子である。このタイプの遺伝子はバラエティに富んでいて、ＤＮＡに損傷が起きた細胞を自殺に追い込む遺伝子や、細胞の複製に必要なＤＮＡの合成を制御して、細胞を分裂・増殖させない遺伝子などがある。このタイプの遺伝子の異常とひとつめのタイプの遺伝子の異常が重なると、細胞はがん化を抑えることができなくなる。

3つめのタイプはDNA修復遺伝子である。細胞のDNAは、様々な発がん物質や紫外線といった変異原により損傷を受けるばかりでなく、細胞分裂の際のミスコピーにより異常になる。これらを修復する遺伝子はいくつもあるが、修復遺伝子自体が異常になると、修復機能が不全になり、ひとつめのタイプやふたつめのタイプの遺伝子が変異しやすくなって発がん確率が高まる。

これらの遺伝子のどれかが、あらかじめ異常な形で、親から子へ遺伝されると、全部正常な場合に比べ、発がん確率は増大する。このような意味で、がんになりやすい体質は遺伝するといえる。また、DNAの突然変異を誘発する物質にさらされるとがんになりやすく、その意味では、がんは生活習慣病ともいえる。

がんの原因が遺伝子の異常であるならば、その治療もまた遺伝子治療によるのが王道であるように思われるが、この方面の研究はまだ緒についたばかりで、顕著な成果をあげるに至っていない。

第19章

生態系

前章の「がんの生物学」が文字どおり高校の「教科書にない生物学」であるとすると、本章の「生態系」は、高校の「教科書にある生物学」である。7つの『生物ⅠB』のほとんどは、20ページ近くの紙幅を、生態系の構造と機能やその保全の問題に割いている。

生物群集とそれをとり巻く無機的環境は、密接に関係し合っている。この両者を一体としてとらえたものを生態系という。一つの沼や森林も生態系という見方ができる。大きくとらえれば、地球表面全体も一つの生態系である（東京書籍・生物ⅠB）

どの教科書にも生態系の定義としてほぼ同様なことが書いてある。ところで、自然界の階層構造について論じる生物学者の多くは、素粒子からはじまって、原子、分子、高分子、細胞、組織、器官、個体、個体群、群集、そして生態系までと、素朴に分類してあまり不思議とも思っていないようであるが、高分子と細胞の間、個体と個体群の間には、関係性のレベルが全く異なる不連続線があり、これらのすべてを同一基準の階層構造によって分類するのは無理である。

これについて詳しく議論すれば、それだけで紙幅が尽きてしまうので、誤解を恐れずに乱暴に言えば、物質レベルの関係性は強すぎてこわせないかこわしてもすぐ元に戻り、個体群以上の関係性はいい加減すぎて関係性だけをこわすのは難しく、細胞から個体レベルの関係性は複雑なのにもかかわらずいい加減でもないのですぐこわれて元に戻らない、ということになる。単純に言えば、細胞や個体はすぐ死ぬが、生態系は簡単には死なないのである。

なぜこういうややこしい話からはじめたかというと、生態系は生物個体とはまるで異なる概念だと言いたいためである。ラヴロック[注1]（１９７９）の提唱したガイア仮説は日本では割に人気がある説で、地球生態系をひとつの生命体として捉《とら》えようとの考えである。有名な生態学者のE・P・オダム[注2]が『基礎生態学』（培風館）の中で比較的好意的に論評しているので、生態学者の中でもあるいは信じている人がいるのかもしれないが、生態系は、実体でも統一的な生命体でもないと私は思う。そもそも、無機的環境しかなかった地球上に生物が現れたので、事後的に生態系が成立したのである。生物出現の条件として生態系があらかじめあったわけではない。

個体の集まりということだけで言えば、生物の階層構造の最上位の概念は群集である。群集内の生物個体の関係を記述する時に、エネルギーの流れと物質循環を無視するわけにはいかないので、群集に無機的環境を加えて生態系という操作的概念をつくったのだ、と私は理解している。生態系はいわば方便である。そのことをしっかりふまえた上で、本論に入ろう。

30億年間、高次消費者はいなかった

生態系の定義の次に、どの教科書にも書いてあることは、物質循環、エネルギーの流れ、生態ピラミッドである。生態系を構成する生物群集を、構造や系統ではなく機能で分類すると、生産者、消費者、分解者に分けることができる。生産者は光合成によって有機物を生産し、これが生態系内の他のすべての生物の食料になること。消費者は生産者を直接食べる1次消費者からはじまり、2次消費者、3次消費者と続くこと。分解者は生物の遺体や排出物を再利用可能な無機物にかえること。これらのことはほぼすべての教科書にでている。

しかし、利用可能な光エネルギーの約1%だけが生産者によって同化され（有機物という化学エネルギーに変換され）、その後、栄養段階を1段階進むごとに、利用可

能なエネルギー量は10分の1ずつ減少することは、ほとんどの教科書には書いてない(例外は東京書籍『生物ⅠB』)。この制約があるので、生態ピラミッドは普通3次消費者までしかいかないのだ。

もっとも、生産者の上に1次から3次までの消費者を設定し、それとは別に分解者を設定するのは、これも群集内の生物間の関係を理解しやすくするための方便で、実際の食う食われるの関係は、網の目のように複雑になっていることは、生物群集を少し観察すればすぐわかるだろう。

ところで、生産者、消費者、分解者の三者は生態系にとって必要不可欠な構成員なのだろうか。生態系を現在の生態系と読み替えれば、答えはイエスである。しかし、現在、過去を問わず、地球上に存在したすべての生態系にとってそうであるかとなると、イエスとばかりも言えなくなる。「進化パターンと大絶滅」(第7章)で述べたように、動物食の捕食者が出現したのはカンブリア紀の初期(5・5億年前)であると思われるので、それ以前の生態系には、現在われわれが考えているような意味での高次消費者はいなかったはずだ。生命が出現したのは38億年前と考えられているので、実に30億年以上もの間は、高次消費者抜きの生態系だったのである。シアノバクテリアが全盛を誇っていた20億年前ごろは、消費者そのものもいなかった可能性がある。

それでは、生産者だけで消費者も分解者もいない生態系は考えられるか。槌田《つちだ》敦は『エントロピーとエコロジー』（ダイヤモンド社。余談だがこの本は名著である）の中で、ハワイのマウナロア山での測定によれば、1980年の二酸化炭素濃度は340ppmで、毎年、春と秋の濃度差は5ppmであることから、消費者や分解者が、二酸化炭素の減少分を元に戻さなければ、70年もたてば大気中の二酸化炭素がなくなって植物も枯死してしまうだろうと述べている。ずいぶん乱暴な議論で、実際にはそう単純ではないのだが、机上の話としてはこれでよい。[注3]

この議論の背後には、地球上の生態系はエネルギーに関しては開放系だけれども、物質に関しては閉鎖系であるので、循環させて再利用しなければ、システムが維持できないという洞察がある。すべての生物はエネルギーと物質を体内に取り込んで、代謝と循環を行い、廃物と廃熱を体外に捨てている。生物個体はこれらを体外に捨ててしまえば、とりあえずは生きられる。

しかし、地球生態系は廃熱は宇宙空間に捨てるにしても、廃物は再利用しなければ、資源が枯渇《こかつ》してしまう。だから全く循環がないと、生態系は成り立たない。ならば、分解者の存在は生態系に不可欠かと言うと、無機的過程で廃物を循環させればよいわけだから、必ずしもそうとばかりは言えないのだ。生命の歴史の最初期の生態系では、分解者はいなかったのではないか、と私は勝手に思っている。

動物がリンを海から陸に戻す

もちろん、消費者や分解者がいなければ、循環の効率が悪くなり、多数の生物を擁する豊かな生態系を維持できないことは言うまでもない。現在の生態系を見る限り、そのことは全く自明である。特に動物は、物質循環を促進させる上で非常に重要である。

ほとんどの教科書には、炭素と窒素の循環の例がでている。炭素は空気中に二酸化炭素の形でためおかれ、光合成により減少し、呼吸により増加する。空気中の炭素は、光合成と呼吸が直接そこにつながっているという意味で極めて重要だが、しかし、量としてはそれほど多くない。オダム（前掲書）によれば森林のバイオマス[注4]の炭素量は、大気中の1・5倍、森林の腐植のそれは4倍と推定されている。窒素は大気中の80％を占め、大気は非常に大きな貯蔵所であるが、生態系との間の出入りは少なく、利用可能な窒素の多くは、生物の体として保持されている。高校の教科書には、こういった量的な数値はほとんど載っていない。

炭素や窒素の循環に動物の果たしている役割はもちろん大きいが、ここでは教科書には載っていないリンについて述べてみたい。リンはＡＴＰ（アデノシン三リン酸）の成分であることからわかるように、生物にとって必須《ひっす》の元素であるが、生態系の制限要因になりやすい。リンの化合物は重いので、放っておくと海底に堆積《たいせき》して陸上にはなかなか戻ってこないからだ。これを陸上に戻すのに動物は重要な役割を担《にな》っている。重要なのは海鳥と魚である。海鳥は、海から魚の捕食という形でリンを陸上に戻している。ペルー海岸のグアノは海鳥の排出物が堆積したものであり、リン酸塩と窒素化合物に富んでいる。

槌田（前掲書）によればカリフォルニアからペルー、チリ沖は、赤道付近や北洋、南洋と並んで、リンが海底から湧《わ》き上がってくる所だという。深海の水は水温が低い重い水で、普通は表面に上がってこないが、寒流と暖流がぶつかる所では寒流が下にもぐり込み、対流が生じて、海底の水とともにリンが湧き上がってくるのだ（無機的条件が物質循環に重要なのはこのことからもわかる）。そこでプランクトンが発生し、魚が発生し、それを食べた海鳥がリンを陸上に戻すわけだ。

北洋と南洋では、冬になると表面に氷ができる。すると残った海水濃度が上がり、重くなって下に沈み、対流が生じてリンが湧き上がってくる。北洋と南洋で魚やオキアミなどが豊富なのはそのせいである。北洋ではサケやマスが産卵のために大挙して川をさかのぼり、産卵を終えてそこで死ぬ。サケ・マスは自身の身をもって、リンを陸に上げているわけだ。サケ・マスがたくさんさかのぼる川の流域の生物相は大変豊かであるという。

　私は最初その話を柴谷[注5]篤弘《あつひろ》（１９９２）から聞いて感動した覚えがあるが、この原稿を書くためにオダムの『生態学の基礎』（培風館）を再読していて「たとえばアメリカ合衆国西部のある高緯度地域で、ダムによるサケの遡上《そじょう》阻止が、サケの減少のみならず、移動しない魚や狩猟鳥獣、そしてさらには材木の生産さえも減少させてしまう結果になったのではないかと、まだ実証されていないが疑われている」との記述を読んでびっくりしてしまった。この本は30年も前に書かれたのだから。

環境問題はまるで他人ごと

環境問題や生態系の保全についても多くの教科書でふれられている。たとえば、

人間の活動は、いろいろな形で生態系に影響を与え、生態系を大きくかえてきた。

しかし、人間も生物である以上、ほかの生物と同じように生態系のなかでしか生活することができない。生態系の性質としくみをしっかり理解し、環境をまもり、資源をじょうずに利用し、美しい地球で生活したいものである（実教出版・生物ＩＢ）

何か他人ごとみたいな記述であるが、生態系の保全とは、基本的には現在の生態系を保全するという極めて保守的な話なのである。放射能をまき散らしても、汚染物質をまき散らしても、人間を含めた一部の生物が病気になったり減少したり絶滅したりするだけで、生態系自体はそれを組み込んだ新たな安定点へすべっていくだけの話だから、別にどうということはないのである。２・５億年前のペルム紀末の大絶滅の際も、６５００万年前の白亜紀末の大絶滅の際も、生態系はそのようにして、ことともなげに存続してきたのである。現在の生態系を保全するのは生態系のためではなく、人類の安定的な生存のためなのだ。

そのためにはどうしたらよいのか。人類の出した廃物を、なるべくすみやかに生態系の物質循環のシステムに放り込んでしまうこと。つぎに、現在の生態系が処理できない廃物を出さないこと。要するに、ゴミ処理をいかに現在の生態系に調和的なやり方に変えるか、という話なのである。

槌田（前掲書）はそのひとつの範例として江戸文明を挙げる。江戸では糞尿《ふんにょう》を貴重な資源として使った。大日本図書『生物ＩＢ』は、江戸時代の物質循環という図入りで、そのことを説明していてユニークな記述にしあげている。現在はヒトの糞尿を廃物としてのみ捉え、物質循環に積極的に組み込む努力をしていないという槌田の主張は正論であると私は思う。

つぎに、生態系が処理できない物質とは、人類が人工的につくったプラスチックや様々な毒物[注6]（ダイオキシンや種々の環境ホルモンなど）や、生態系の循環以外の所から導入した物質である（たとえば、石油を燃やして出した二酸化炭素）。

しかし、多くの人々がそういう物質を使わないことに同意するとは思えない。寒い冬の日には毛布にくるまってふるえているよりも、石油を燃やして暖をとりたいと思うだろうし、病気になってそのまま死ぬ方がエコロジカルではあっても、わけのわからん薬をいっぱい飲んででも助かりたいと思うだろう。そのことに思い至れば、高校の生物の教科書の環境問題の記述が、他人ごとのようになるのもわかるような気がするのである。

1．Lovelock, James Ephraim（１９１９〜）イギリスの生物物理学者。

2．Odum, Eugene Pleasants（1913〜）アメリカの生態学者。生物群集を物質生産の面からとらえる生産生態学を発展させた。

3．濃度・存在比などを表す単位。1ppmは単位量の100万分の1のこと。

4．ある時点での一定空間内の生物の量。乾燥重量あるいはエネルギー量で表現される。

5．（1920〜）大阪生まれの生物学者。構造主義生物学を提唱。

6．ポリクロロジベンゾジオキシン（PCDD）の俗称、あるいは特に2、3、7、8−テトラクロロジベンゾジオキシン（TCDD）を指す。自然界では分解されにくく、毒性が非常に強い化合物。

summary　第19章のまとめ

【生態系】

生物群集は、エネルギーと物質のやりとりを通して複雑に関係している。無機的な環境も含んだ、このやりとりの総体は生態系と呼ばれる。生態系を統一的な生命体として捉える見方もあるが、ここでは、生態系を生物間の関係の総体と考えたい。

生態系の構成生物をその機能で分類すると、主として光エネルギー（場合によっては化学エネルギー）を使って、無機物から有機物を合成している生産者と、もっぱら生産者の生産物を当てにしてこれを食している消費者と、これらの生物の遺体や排出物を食べて無機物に戻している分解者に分けられる。

生態系にどのくらいの成員が収容できるかは、もっぱら生産者の生産速度にかかっている。これが言葉本来の意味での収容力と言える。生産者の生産速度は、光の強さ、二酸化炭素の濃度、温度などと同時に、消費者、分解者が、どれだけの速度で物質を循環させるかにもかかっており、この意味で、生態系の成員の関係は相互依存的である。

地球生態系は基本的には太陽エネルギーを使って、物質代謝と循環を行っているシステムであり、その結果不可避に生ずる廃熱は宇宙空間に捨て、廃物は生態系の中へ捨てている。

生態系の中に捨てられた廃物は、通常は循環経路に入り込んで、再利用可能な形で生産者に戻ってくる。消費者や分解者は自身が生きることによって、結果的に循環をスムーズに行う役割を担っている。動物は重力に逆らって移動できることにより、リンなどのような海に沈み込んだ、生きるために不可欠な元素を陸に引き上げている。

人類の活動によって生ずる、生態系が分解・循環できない物質や、本来生態系の成員ではない石油・石炭を燃やすことによって生ずる二酸化炭素などは、生態系の中に蓄積し、現在ある生態系の安定を乱す原因となる。現在の生態系に基本的に依存している人類は、生態系の安定性が乱れると、自身の安定的生存自体が脅《おびや》かされる恐れなしとしない。環境問題が人類にとって重要なのは、まさにこの理由によるのである。

第20章

遺伝子

遺伝子ほど一般によく使われ、しかも誤用の多い生物学用語は他にない。遺伝子は生物あるいは生命の設計図だという、誤解をまねきやすい比喩《ひゆ》から始まって、利己的遺伝子だの浮気遺伝子だのとデタラメの種は枚挙にいとまがない。遺伝子をよく知らない人にとっては、遺伝子は何でも可能にしてくれる魔法の呪文《じゅもん》か、さもなくば錬金術師が探し求めたという賢者の石[注1]のごときものと思われがちだ。遺伝子と聞いただけで、神秘を感じてしまう人もいるかもしれない。しかし、遺伝子はDNAと呼ばれる物質であるから、それ自体は神秘でも不思議でもない。不思議なのは、遺伝子を自由自在に使いこなしている生物そのものである。

高校の教科書では『生物ⅠB』にも『生物Ⅱ』にも遺伝子についての記述がある。『生物ⅠB』ではメンデルの遺伝の法則に関連して遺伝子についての言及がある。

メンデルは、このような対立形質に注目して、交配を行い、その結果を解析し、対立形質が一定の法則に従って遺伝することを確かめた。——中略——メンデルはいろいろな実験を行い、対立形質が遺伝するもとになるものとして、要素（エレメント）

を仮定して、交配実験の結果を理論的に説明した。メンデルの要素は現在の遺伝子に相当するものであるから、以下は遺伝子とよぶことにする（東京書籍・生物ＩＢ）

　メンデルはＤＮＡも染色体も知らずに、形質の原因として、要素（エレメント）なる実体を仮構したのである。要素が具体的には何であるかわからないうちは、このような仮定はヒューリスティクな（発見を助ける）価値がある。しかし、要素がＤＮＡだと判明した後でもなお、ＤＮＡを形質（極端な場合は生物や生命）の原因のすべてだと言いなすことは論理的な錯誤を犯すことになる。ＤＮＡはデオキシリボ核酸という高分子にすぎないが、形質（生物、生命）は物質とは存在のレベルが異なるからだ。この２つを結ぶ論理はいまだにヤブの中である。そういったことはもちろん教科書には書いてない。

　核酸（ＤＮＡ）が発見されたのは古く、１８６９年にミーシャ[注2]がヌクレインと名づけた物質の主成分はＤＮＡであった。メンデルの遺伝の法則発見とほぼ同じころである（これは、東京書籍、数研出版、第一学習社などの『生物ＩＢ』に記述してある）。メンデルの要素はヨハンセン[注3]により遺伝子と名づけられたが、遺伝子がＤＮＡだということは長い間不明であった。遺伝子がＤＮＡらしいと見当がついたのは、肺炎双球菌の形質転換の実験でであり、[注4]アベリーら[注5]（1944）が形質転換をうながす物質がDNAであることを確認したときに始まる（この実験は、参照した7つの『生物I B』のすべての教科書と、いくつかの『生物II』に記述してある）。

システムの部品の1つにすぎない

参照した8つの『生物II』の教科書には、DNAの構造、DNAの複製、DNAの転写、たんぱく質の合成、形質発現のしくみ等々についてかなり詳しい記述がある。本稿ではそれらの知識を前提としたうえで、どの教科書にも載っていない事実から重要そうなものをかいつまんでまず述べてみる。

DNAの複製が半保存的であることはすべての『生物II』に出ている。すなわち、二本鎖のDNAが開裂して分離し、2つの一本鎖DNAのそれぞれを鋳型《いがた》にして、新生DNA鎖が合成され、結果的に2つの全く同じ二本鎖DNAが生じる。新生DNAを合成するにはDNAポリメラーゼという酵素が必要で、これは新生DNA鎖の3′末端にヌクレオチドを1つ付けてDNA鎖を伸ばす（DNAのチミン、シトシン、グアニン、アデニンの塩基が付いている糖の5つの炭素原子には番号がついていて、3′の

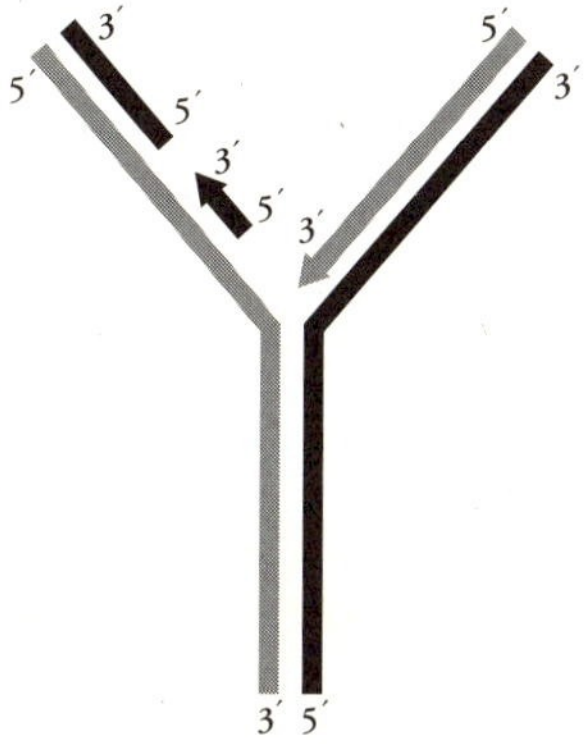

図G

【DNAの複製】開裂に伴い5′→3′へと伸びる新生DNA鎖はリーディング鎖と呼ばれスムーズに生成されるが、一方の新生DNA鎖は岡崎フラグメントをつなぎ合わせて合成される。これはラギング鎖と呼ばれる。

炭素と5′の炭素がリン酸を介在して結合する)。5′末端からはDNA鎖を伸ばすことができない。

となると、分離した一本鎖DNAのうち3′から5′へと開裂したほうを鋳型にした新生DNAは5′↓3′へとスムーズにDNA鎖を伸ばせるが、もう一方はどうなるのかということになる。3′↓5′へと伸ばせないとしたら、少し開裂しては5′↓3′の短いDNA鎖を作り、また少し開裂した所でまた作り、これらをつなぐといったやり方をする以外にない。この短いDNA鎖は岡崎フラグメントと呼ばれる。夭折《ようせつ》した岡崎令治の発見である(図G)。

ところで、DNAポリメラーゼが機能するには鋳型と塩基対を形成したプライマー鎖が必要である。そのプライマー鎖にヌクレオチドを付加して新生DNA鎖をつくる。開裂方向に5′↓3′とDNA鎖を伸ばしている新生DNA鎖(リーディング鎖)では、最初にプライマー鎖をつくりさえすれば、後はDNAポリメラーゼにより鎖はどんどん伸びる。ところが逆向きの岡崎フラグメントをつなぎ合わせてつくる新生DNA鎖(ラギング鎖)ではそのつどプライマー鎖をつくらなければならない。このプライマーはRNAプライマーで鋳型のDNAからDNAプライマーゼと呼ばれる酵素により合成される。

細菌や多くのウイルスのDNAは環状であるから、DNAに末端がない。ところが真核生物のDNAは線状であるから、末端近くのラギング鎖をつくろうとしても、プライマーがつくれないという問題が起こる。末端近くのDNAを鋳型にラギング鎖をつくるためには、さらにその先の鋳型と塩基対を形成したプライマーが必要だが、末端より先には鋳型のDNA鎖が存在しないので、プライマーもつくれず、したがって末端近くのラギング鎖はつくれない。

これはDNA複製のたびに少しずつDNA鎖が短くなることを意味する。それを解決するために、真核生物の染色体の末端（線状DNAの末端）はテロメア配列という繰り返し構造になっていて、少々短くなっても機能的には関係がないようになっている。さらに適当なときにはテロメラーゼという酵素で修復されるのである。また染色体は巨大なDNA分子であるため、複製起点がいくつもあり、同時多発的に複製が進行することが知られている。このようにしてDNAは自分と同じDNAをつくる。この話は生物個体が自分と同じ生物個体をつくるという話と自然言語の水準で同型であったため、多くの人の頭の中でDNAの複製イコール生物個体の複製という早とちりになったのではないかと思う。

次いでDNAの転写に話題を移す。高校の『生物II』には真核生物のDNAの大部分は有意味と考えられる機能をもっておらず（少なくともいまのところは発見されておらず）、遺伝子と呼びうるものはDNAのごく一部にすぎないことは載っていない。さらには遺伝子はエキソンと呼ばれるアミノ酸をコードしている部分とイントロンと呼ばれる非コード部分からなり、エキソンよりイントロンのほうが長い場合もあることも書いていない。

遺伝子部分のDNAはRNAポリメラーゼによって転写される。RNAポリメラーゼもまたRNAの3′末端にヌクレオチドを付加する機能をもつので、DNAの塩基配列を転写しているRNAも5′↓3′方向へと鎖を伸長させる。RNAポリメラーゼはDNA上のプロモーターと呼ばれる塩基配列と強く結合し、ここから新生RNA鎖を合成し、終結シグナルに行き着くと合成を停止する。RNAの鋳型となるDNAは二本鎖DNAのどちらかに決まっているわけでなく、遺伝子によって異なる。

原核生物ではDNAが核膜によって他の細胞質から分離されていないので、RNA合成（転写）とたんぱく質合成（翻訳）が同時に起こる。一方で、RNA鎖が伸長しながら、その同じRNA鎖を使ってたんぱく質合成が進行する。真核生物では転写と翻訳は時間的にずれており、遺伝子の塩基配列を転写したRNAは非コード部分のイントロンに対応する部分を除去し、エキソン部分だけをつなぎ合わせてmRNAをつくる。これをRNAスプライシングと呼ぶ。mRNAはたんぱく質をつくり、一般的にはそこで初めて生体にとって有意味な機能を発揮することになる。遺伝子の機能は第一義的にはたんぱく質をつくることだと言ってよい。

多くの人は遺伝子が形質や行動や病気を、その存在だけで決定しているかのように思っているようであるが、遺伝子が決定しているのは、はっきり言えばたんぱく質の一次構造だけであり、たんぱく質の機能を決定しているのは遺伝子ではなく、そのたんぱく質を記号として使っている生体内のシステムである。2つの生物個体のシステムが全く同じで、遺伝子のみが異なる事態を想定したときに、この2つの生物個体の挙動の違いの原因を遺伝子の違いに求めるのは、近似としては間違っているとは言えないが、そのことは、生物個体の挙動の原因のすべてを遺伝子に求めることとは別のことである。本当の原因はシステムにあることは間違いない。遺伝子はシステムの部品にすぎない。

機能に合わせて使っているだけ

近年、たんぱく質といえども、そのアミノ酸配列をコードしている遺伝子のみによりその形態を一義的に決定できないことがわかってきた。分子シャペロン[注6]と呼ばれる特別なたんぱく質の働きがないと、たんぱく質の一次構造から機能的な立体構造をつくれないのだ。遺伝子操作により別の生物から導入した外在性の遺伝子は、適切な分子シャペロンが存在しないときは機能的な立体構造をとることができないのである。高校の教科書には、一遺伝子一酵素説という話が載っているが、これが成立するのは、分子シャペロンをはじめとするさまざまな細胞内の条件が、当該の遺伝子の発現を支援できるように整っている限りにおいてなのである。だから、酵素の生成原因は遺伝子にあるという言い方ですら、原理的には正しくないのだ。

分子シャペロンもまたたんぱく質であるから遺伝子によって生成されており、結局は遺伝子が決定しているのではないかと考える人もいるかもしれない。しかし、遺伝子と遺伝子の関係を決めているのは遺伝子ではないことに思い至れば、ことはそう単純ではないのだ。遺伝子やたんぱく質は細胞内で記号として作用し、細胞内の条件が異なれば、同じ遺伝子が異なる機能を発揮したり、異なる遺伝子が同じ機能を発揮したりする。このような事実は遺伝子が機能を一義的に決定するという考えを完全に反証する。

たとえば、脊椎《せきつい》動物の赤血球に含まれるヘモグロビン[注7]は酸素の運搬の機能を有し、そのことはほとんどの『生物ＩＢ』の教科書に載っている。しかし、ヘモグロビンは植物にも含まれていて、たとえばマメ科の窒素固定組織に見いだされ、窒素固定細菌[注8]の反応を助けている。さらには、窒素固定をしない植物にも、原生動物や袋形《ふくろがた》動物にもヘモグロビン遺伝子があるという。これらに存在するヘモグロビン遺伝子の機能ははっきりしない。これらのことは、ヘモグロビン遺伝子が酸素運搬の機能と一意に対応しているわけではなく、生物が機能に合わせて適当に使っていることを意味する。遺伝子が変化して生物が進化したのではなく、生物が進化して遺伝子を使いこなせるようになったのである。

遺伝子あるいは遺伝子がつくるたんぱく質は、あらかじめ細胞にそなわっているシステムに依存してはじめて機能を発揮する。たとえば、インシュリン遺伝子はインシュリンをつくり、これは血糖量を下げる機能をもつが、細胞の表面にインシュリン分子を特異的にとらえる専用の受容体がなければ機能しない。インシュリンがいくら分泌されても、この受容体が正常でないと、糖尿病になってしまう。さらに受容体に伝《でん》播《ぱ》された指令は、いくつかの中間体を経てｃＡＭＰ[注9]（環状ＡＭＰ）にもたらされ、これがグルコース運搬たんぱく質に働いて、血糖量が下がるわけである。

ここで、インシュリンは記号として機能するのであって、インシュリンと血糖量の減少の間には物理化学的な意味での厳密な因果関係があるわけではない。たとえば、インシュリンが、インシュリンではなく、別の物質を受容するように変化してしまえば、今度はその別の物質が血糖量を減少させる機能を担《にな》うようになることは大いに考えられるのである。遺伝子とその機能の間の関係は、記号とそれが指し示すものの間の関係のようなものである。イヌが現実のイヌを指し示すのは、日本語というルールの枠内に限っての話であるように、遺伝子が特定の機能を担うように見えるのは、それを可能にさせる細胞内のルールの枠内での話である。重要なのは遺伝子というよりもむしろルールのほうなのである。

1．錬金術が究極の目的とする「聖なる物質」のこと。鉛を純金に変え、霊薬や万能薬の働きをするとされている。
2．Miescher, Johann Friedrich（1844〜1895）スイスの生化学者。
3．Johannsen, Wilhelm Ludwig（1857〜1927）デンマークの遺伝学者、植物生理学者。
4．一系統の細菌（＝供与菌）から抽出したDNAを他の系統の細菌（受容菌）に取り込ませると、受容菌の中に供与菌の遺伝形質が現れる現象。
5．Avery, Oswald Theodore（1877〜1955）アメリカの細菌学者。
6．最初、熱ショックたんぱく質として知られ、これは熱ショックを与えた時に合成され、熱で変性したたんぱく質の高次構造を正しく修復する機能をもつ。ショックのない時にも、たんぱく質の高次構造を作る上で欠かせないものがあることが知られ、これらを総称して分子シャペロンと呼ぶ。

7．鉄を含む色素（ヘム）とたんぱく質（グロビン）とからなる複合たんぱく質。脊椎動物の赤血球に含まれ、酸素運搬の役割を果たしている。

8．大気中の窒素（N_2）を取り込んで、窒素を含む有機化合物へ変化させることができる共生細菌。もっとも一般的な根粒菌は、マメ科植物の根に入り込み、宿主の炭水化物を利用しながら、代わりに有機化合物を提供する。

9．可溶性の酵素アデニル酸シクラーゼにより、ATPから合成される環状ヌクレオチドのセカンドメッセンジャー（細胞内シグナルとして働く有機分子）。

summary 第20章のまとめ

【遺伝子】

19世紀の半ば過ぎに、メンデルは生物の形質発現を担う実体を想定し、遺伝の法則を仮定した。メンデルはこの実体を要素と呼んだが、それは今日では遺伝子の名で呼ばれている。

遺伝子の本体はDNA（一部のウイルスではRNA）と呼ばれる物質であることがわかっており、それは細胞分裂に伴って複製される。DNAは自分と同じDNAをつくるのである。

原核生物のDNAは環状の二本鎖DNAであり、その大部分は機能をもち、たんぱく質などに対応している。一方、真核生物のDNAは線状で、通常染色体を形づくっており、その大部分は機能をもたない（少なくともいまのところ機能不明である）。通常、遺伝子は機能をもつDNAのことであるから、真核生物の遺伝子は、DNAの大海の中にポツン、ポツンと浮かんでいることになる。

さらに真核生物の遺伝子は、たんぱく質に対応している部分（エキソン）と対応していない部分（イントロン）からなることがわかっている。これは原核生物には見られない真核生物だけの特徴である。

真核生物では、遺伝子のエキソン部分の情報だけをつなぎ合わせてｍＲＮＡがつくられ、これにしたがってたんぱく質の一次構造がつくられる。簡単なたんぱく質では一次構造がつくられさえすれば、自動的にたんぱく質の立体構造がつくられることもあるが、複雑なたんぱく質では、分子シャペロンと呼ばれる特別なたんぱく質の介在なしには、正常に機能する立体構造はつくれない。このことから、遺伝子は一義的にたんぱく質に対応しているわけではないことがわかる。

遺伝子によってつくられたたんぱく質は、細胞内のシステムの条件にしたがって、その枠内でのみ機能する。したがって、システムが異なったり、条件が異なったりすれば、同じ遺伝子がさまざまな異なる機能を担ったり、異なる遺伝子が同じ機能を担ったりする。生命現象にとって真に重要なのは、遺伝子そのものよりこのシステムであり、遺伝子はシステムの部品にすぎないと考えたほうがよい。

第21章

形態形成

個体発生はいつ見ても不思議な現象である。たった1個の受精卵が卵割を開始して細胞のかたまりになり、一部の細胞たちは激しく動きながら見る間に形を変化させて、しばらくすると立派な胚《はい》になり、幼体になり、やがて成体になるのである。発生につれて、個々の生物に特徴的な形が出来上がってくる。なぜ、1個の受精卵からそれぞれの生物種に固有な形態が出来上がってくるのだろう。

形態形成のメカニズムは現代生物学における最難問のひとつである。17~18世紀の生物学者の多くが、個体発生において完成されるべき形態は何らかの形で卵の中にあらかじめ存在している、という前成説の立場をとったのも無理からぬことである。遺伝情報という概念を知らなければ、卵の中にたたみ込まれた小さな形態が、発生とともに展開して大きな形態になるといった以上に合理的な説明を与えることは不可能であろう。何と言っても、卵は正常発生しさえすれば、ほぼまぎれる余地なくその種に固有の形態になるのだから。

余談ではあるがevolve（エヴォルブ）という言葉は元来、前成説の文脈におけるこのような展開の意だったのである。それが進化するという意に転用されたわけである。

形態形成はすべての高校の教科書がかなりのページ数を割いて扱っている。記載的な事柄は主に『生物ⅠB』で、発生遺伝学的な事柄は『生物Ⅱ』で扱われている。

> 複雑な構造をもった多細胞生物も、もとは1個の受精卵から生じたものである。受精卵は分裂をくり返して多数の細胞になり、これが分化していろいろな組織や器官をつくりあげていく。このような過程を発生という。
>
> 動物の発生は、どのような過程をたどるのだろうか。また、個体が発生するしくみについても考えてみよう（第一学習社・生物ⅠB）

ほとんどの『生物ⅠB』はこのようなコンセプトの下で、ウニや両生類の初期発生や、形成体[注1]の概念を記述している。また『生物Ⅱ』では発生に伴う遺伝子の発現調節について言及している。本稿ではこれらの知識を前提に、最近の発生遺伝学的な知見を紹介しながら、形態形成の全体像がつかめるように解説してみたい。

単一の受精卵は分裂して多細胞になるわけだが、その際、個々の細胞がバラバラになったのでは多細胞生物としての形態はつくれない。細胞同士が接着するメカニズムがなければならない。受精した卵の表面は受精膜で覆《おお》われるが、受精膜を除去した受精卵は卵割はすれども接着する能力がなくバラバラになってしまう。細胞数が100から200ほどの桑実胚[注2]になると、もはやバラバラになることはないが、この時期の胚は互いにどの胚とも接着してしまい、個体識別の能力がまだない。桑実胚《そうじつはい》の次のステージである胞胚[注3]になると胚の細胞は接着すべき細胞とすべきでない細胞を認識する能力を獲得する。ウニの胚は胞胚になって受精膜を自力で破って出てくるが、逆に言えば、それまでは受精膜がなければ形を保つことができないということである。

精子の侵入点が「腹」になる

細胞はどのようなメカニズムで他を認識し、接着したりしなかったりするのだろう。細胞同士を接着する分子（たんぱく質）が、最近になってたくさん発見されている。同種の細胞同士を接着させる分子としてはカドヘリン、N−CAM（神経細胞接着分子）、異種細胞間接着分子としてはセレクチン、細胞−マトリックス接着分子としてはインテグリンなどが知られている。これらのたんぱく質は遺伝子によってコードされているわけだから、発生遺伝学的には、接着能力の獲得は接着分子をコードする遺伝子の発現の問題になるわけだ。

両生類の初期胚の中胚葉細胞、[注4]上皮細胞、[注5]神経板細胞[注6]をバラバラにして混ぜると、しばらくして細胞同士は同種の細胞を認識して、中心部に神経板細胞、外側に上皮細胞、中間部に中胚葉細胞がそれぞれ集合してくる（この実験は三省堂の『生物ⅠB』に載っている）。これらの3種の細胞は発現しているカドヘリンの種類の違いによって自他を認識することがわかっている（カドヘリンは10種以上知られている）。

接着能力の発現の有無によって形態が変化する最も劇的な例は神経堤細胞である。脊椎《せきつい》動物の発生過程で神経胚と呼ばれるステージがある。将来、神経管になる部分が縦に細長く肥厚し、真ん中が少しくぼんで溝のようになり両側は堤防のようになっている。この堤防部を神経堤という。神経胚の後期になるとこの部分の細胞は神経管の上に集まってくる。これを神経堤細胞という。

この細胞は将来、各種の末梢神経節の支持細胞、色素細胞、頭骨の一部、各種分泌組織の支持細胞などの幅広い細胞群に分化するが、その前にしかるべき場所に移動してこなければならない。さまざまな組織をかき分けて目的地までやってくるわけだ。移動の開始にあたってはNカドヘリンが神経堤部分で減少することがわかっている。

神経堤細胞の移動には他にもさまざまな接着様分子があることがわかっており、細胞外マトリックスには神経堤細胞の移動を促進したり、阻害したりする分子が存在する。

細胞同士の認知と接着は形態形成にとって重要ではあるが、それだけでは生物の形はつくれない。さまざまな組織をどこに配置するかは接着分子だけでは解決しないからだ。そこで前後、背腹という方向性を胚に対して与える必要が出てくる。前後軸、背腹軸はどのようにして決まるのか。

両生類の未受精卵は、動物極、植物極という極性を持っている。卵黄がたくさんつまっているほうが植物極である。動物極側は主に外部組織、植物極側は主に内部組織を形成するが、1つの極性だけでは1つの軸しか決まらない。おおざっぱにいって動物極側は体の前方になり、植物極側は後方になる。それでは背腹は何で決まるのか。それは受精の際の精子の侵入点によって決まるという。精子の侵入点に応じて卵の皮層が回転して非対称性が生じるのである。精子の侵入点は腹側になる。

ショウジョウバエでも直交する2つの軸が個体発生以前にすでに決定されている。ひとつは背腹軸、ひとつは前後軸である。背腹軸は母親の体内で卵のまわりの細胞から発せられるシグナルに従って、[注7]遺伝子調節たんぱく質が胚内で濃度勾配《こうばい》を起こすことにより決定される。ところで遺伝子調節たんぱく質をコードする遺伝子は実は母方のゲノムから転写されたもので、胚内ではmRNAの形で存在する。ショウジョウバエの卵の極性を最初に決定する遺伝子はいくつも知られるが、基本的にはみな母方のゲノム由来である。

ショウジョウバエの前後軸を決定する遺伝子は、表現型のほうから末端系、前部系、後部系の3つに分けられる。末端系は末端構造をつくるが、それに関与する遺伝子調節たんぱく質の勾配は、背腹軸を決定する場合と同じように母親の体内における卵の末端に接する細胞からのシグナルにより決定される。一方、前部系と後部系は、卵の前部と後部に局在するmRNAによって、遺伝子調節たんぱく質の勾配を決定している。このmRNAはもちろん母方由来のものである。

前部系のmRNAがコードする遺伝子調節たんぱく質はビコイドと呼ばれ、このたんぱく質の濃度勾配に誘導されて、ショウジョウバエの体制を決定する4つのホメオボックス遺伝子群、すなわちギャップ遺伝子、ペア・ルール遺伝子、セグメント・ポラリティ遺伝子、ホメオティック・セレクター遺伝子がこの順番で発現することになる（ホメオティック・セレクター遺伝子については第9章「相同とは何か」を参照）。これらの遺伝子群は、ショウジョウバエの体節形成[注8]と区画形成[注9]に関与している。

前後、背腹等の軸を決定するのは、形態形成に関与する分子（モルフォゲン）の勾配である。モルフォゲンは細胞に作用して、その結果細胞は、分化の方向を形質発現以前に運命づけられるようになる。これを発生における決定という。決定を受けた細胞は自分の状態を記憶する。この記憶が、細胞が体の中での自分の位置を表す生化学的な番地表示として機能するとき、これを位置価という。多くの節足動物では脚は切られても再生するが、それは切断された末端部が自分の位置価を記憶していて、それより先の位置価をもつ部分をつくるからである。

ゴキブリの脚の脛節《けいせつ》を基部から仮に1から10まで番号をつけて3と4の間を切断し、8から先10までを3につないでみる。すなわち、ゴキブリの脛節はこの時点で「1 2 3 8 9 10」である。ところがしばらくすると、3と8の間の部分が再生され正常な脚に戻る。次に7と8の間で切断し、4から先10までをつないでみる。7と4の間に6と5が再生され、ゴキブリの脚は「1 2 3 4 5 6 7 6 5 4 5 6 7 8 9 10」となるのだ。位置価と位置価の間にギャップがある場合、間はなめらかな勾配になるように再生されるのだ。

局在することで勾配をつくる

発生における勾配は脊椎動物においても重要である。先に両生類の体軸の決定の仕方について述べたが、体軸が決定されただけでは形は決まらない。体軸に沿ってさまざまな細胞が分化してこなければならない。

両生類の桑実胚は将来外胚葉[注10]になる動物極側の細胞と、内胚葉[注11]になる植物極側の細胞からできているが、しばらくすると真ん中の細胞は中胚葉に分化する。中胚葉に分化するはずの真ん中の細胞を切り取って上下だけを合わせておいても、やはりしばらくすると中胚葉ができてくる。どうも植物極側の細胞が動物極側の細胞を中胚葉に誘導するらしい。

この誘導因子が何かということは長い間謎《なぞ》であった。最近になり、この因子が細胞成長因子として知られていたＦＧＦとアクチビンであることがわかってきた。特に後者は重要で、濃度勾配によってさまざまな中胚葉組織を誘導することがわかってきた。日本の浅島誠の発見である。浅島のグループは胞胚後期の動物極側の細胞（アニマルキャップ）にさまざまな濃度のアクチビンを作用させて、種々のタイプの中胚葉組織表皮になるが、低濃度処理では血球などに、中濃度では筋肉や神経に、高濃度では脊索になる。さらには心臓や腎臓などをも誘導することができる。

余談であるが、このような研究は将来的には人工的に臓器をつくる研究につながり、応用的にも極めて重要である。

アクチビンは初期胚の中で実際に卵黄小板の上に存在するという。アクチビンもショウジョウバエの卵極性遺伝子と同じように母性因子であり、卵の中に局在することで勾配を形成しているのである。

アクチビンは中胚葉を誘導する。形成体は中胚葉から構成される。するとアクチビン処理されたアニマルキャップは形成体の働きをもつのだろうか。浅島によれば、アクチビンで高濃度処理したアニマルキャップを0～12時間、生理食塩水で培養したものは、胴や尾を誘導する能力があり、20時間ほど培養したものは頭を誘導する能力があるという。アクチビンによって誘導された形成体は次々と遺伝子のスイッチが入っていき、時間とともに性質が変化するのである。

遺伝子発現を受け入れるシステムがある

このような事例を次々に記せば、形態形成も結局は遺伝子に還元できるのではないかと思う人がいるかもしれない。構造主義生物学者としての私は、決してそうではないのだということを最後にひとこと言っておかねばなるまい。

遺伝子が次々と首尾よく発現して発生が進むためには、それを受け入れることができる細胞のシステムがすでにして受精卵にそなわっていることが必要である。受精卵の中の高分子の配置（布置）は、細胞分裂を通してめんめんと遺伝してきたのであって遺伝子が共時的に決めているわけではないのだ。遺伝子の発現調節と発生パターンの間の関係は、このシステムをブラックボックスに入れておいての対応にすぎないと言えば言えるのである。もちろん私は、この分野の発展に心血を注いできた発生学者や発生遺伝学者の努力を高く評価しており、それとこれとは別の話である。

1．脊椎動物の初期胚において、周囲の胚域に働きかけ、分化を誘導する胚域。
2．多細胞生物の発生において、胞胚に先行する、割球が密になっている段階のもの。16または32細胞期のころはまだ割球が大きく、外見が桑の実に似ているのでこう呼ばれる。

3. 原腸形成の直前にあたる動物の発生段階。

4. 原腸形成の開始以後、外胚葉と内胚葉の間に現れる胚葉の細胞。

5. 外胚葉や内胚葉などに由来する、動物体の外表面や消化管の内表面を覆う細胞のこと。

6. 原腸胚期から神経胚期にかけ、胚の神経系の原基として最初に形成される部分の細胞。

7. 遺伝子の発現を制御するたんぱく質。

8. ミミズや昆虫などで見られる前後軸に沿った繰り返し構造。

9. 成虫の構造物に対応する成虫原基における単位区域。

10. 発生の途中、胚の外表面にみられる胚葉。将来、脳、神経、皮膚などに分化する。

11. 発生の途中、動物胚でもっとも内側に位置する胚葉。将来、肝臓、消化管の上皮などに分化する。

summary 第21章のまとめ

【形態形成】

単一の細胞である受精卵は分裂をくり返しながら発生し、機能の異なるさまざまな細胞に分化し、それぞれの生物に特徴的な形態がつくられてくる。生物の形態がどのようなメカニズムでつくられるかは、現代生物学最大の難問であるが、近年の研究により遺伝子発現との対応が徐々に解明されて曙光《しょこう》が見えてきた。

多細胞生物の形態形成にとって第一に重要なのは、細胞同士が互いに相手を識別し、接着すべき細胞同士は接着し、離れるべき細胞とは離れることである。同種細胞間接着分子（カドヘリンやN-CAM）や異種接着分子（セレクチンやインテグリン）はこのメカニズムを作用させるたんぱく質であり、発生に伴ってこれらのたんぱく質（をコードしている遺伝子）が発現したり、しなかったりして形態形成は進行する。

次に重要なのは、前後、背腹の体軸を決定するメカニズムである。この2つは基本的には卵細胞の中に存在する母性因子のかたよりにより生ずる。母性因子が卵や初期胚の中で濃度勾配をなし、それに従って体軸が決まるのである。基本的には体軸は胚自身ではなく母親が決定するのである。ただし、両生類の背腹は精子の侵入点により決まる。精子の侵入点は腹側になる。

3番目に重要なのは誘導というメカニズムである。ある細胞群は発生の途中で隣接する細胞群に働きかけて特殊化した細胞群に導く。脊椎動物の神経系は形成体により外胚葉から誘導されて、頭から尾までができる。最近、この誘導因子はアクチビンやFGFというたんぱく質であることが判明した。

4番目に重要なのは体の各部分の構造や区画を決定するメカニズムである。これは主としてホメオボックス遺伝子により制御される。これは通常、前後の体軸を決定する遺伝子に誘導されて発現する。

最後に最も重要なのはこのような遺伝子の発現パターンと具体的なかたちがどのような関係にあるのかということであるが、それについては何もわかっていない。

第22章

寿命と進化

高校の生物の教科書には寿命や老化についての記述は全くない。発生や代謝や遺伝についての記述は山ほどはないにしてもそれなりにたくさんあるから、宇宙人が高校の生物の教科書を読んだら、地球の生命体は原則として不老不死だと思うかもしれない。

ほとんどの人はおそらく、生物は死すべきものだと信じているに違いない。私がここで、死すべき生物は実は例外で、地球上の大半の生物は死すべき運命にはないのだ、と記しても、にわかには信じないだろう。『フルハウス　生命の全容』（早川書房）のグールドを信ずれば、地球上のバクテリアは他のすべての生物の数よりも多いばかりか、他のすべての生物の現存量よりも多いのだという。バクテリア（原核生物）は原則として死すべき運命にはないから、地球上の大半の生物は死すべき運命にはないことになる。

死すべき運命にない奴《やつ》は真核生物の中にもいる。決して二倍体（ディプロイド、染色体数が2ｎであること）にならない一倍体（ハプロイド、染色体数がｎであること）の原生生物である。アメーバ、トリパノソーマ[注1]などは有性生殖をせず、分裂して増えるだけである。これらの単細胞の生物（系列）が死すべき運命にあるとすれば、遠からず寿命が尽きて絶滅してしまうはずだ。

しかるに、アメーバもトリパノソーマも絶滅しそうな様子はないから、さしあたってこれらの生物（系列）は死すべき運命にはないと考える他はない。死すべき運命にはないということは、死なないということではない。幸運ならば無限（？）に生き延びる可能性があるということだ。

それに対し、たとえば我々の体を作っている二倍体の細胞である体細胞は死すべき運命にあるらしい。それでときどき減数分裂を行って一倍体に戻し、これを接合して二倍体を作って生き延びているらしい。これを有性生殖と呼ぶ。正常な二倍体の細胞が死を免れる術《すべ》は今のところないようだ。原生生物でも二倍体になるものでは、二倍体のままでは死すべき運命にあるので、ときどき有性生殖を行っている。たとえば、ゾウリムシは接合を行い若返ることが知られている。接合とは2匹のゾウリムシ（二倍体）が減数分裂を行い、染色体の半分（一倍体数の染色体）を互いに交換することだ。

接合する相手がいないとき、ゾウリムシはオートガミーというウルトラCを使って若返る。オートガミーとは自己の細胞内で減数分裂を行い一倍体数の染色体からなる核をいくつか作り、そのうちの2つを合体させて二倍体の核を作ることだ。通常の異系交配と違ってオートガミーでは遺伝的多様性は増大しないから、単に若返る（死を免れる）という機能しかない。一度、一倍体に戻して再合体するとなぜ若返るのか。一説には減数分裂はDNAを修復するからだという（第3章参照）。しかし、元々一倍体の生物は減数分裂などしないから、減数分裂に不死の原因を求めるわけにはいかない。

死は進化の過程で獲得された

二倍体の生物でも有性生殖をしないで生き延びている奴もときどきいる。しかし、よく調べてみると、二倍体生物の単為生殖はゾウリムシのオートガミーに近いことをやっているらしい。たとえば、甲殻類のアルテミアは減数分裂の第二分裂の際に放出される極体と卵の核が合体して2nになり、ここから発生がはじまる。ここまで書くと、一倍体以外の真核生物（一部の原生生物と多細胞生物のすべて）は減数分裂をしないと生き延びられないと考える人も現れるかもしれないが、事はそう単純ではないのだ。

たとえば、がん細胞は減数分裂をしたわけでもないのに不死化した細胞（系列）だ。あるいはワラジムシやバナナで三倍体になっているものがあり、これは原理的に減数分裂ができない。団まりな（1996）はこれらの生物は一倍体と二倍体を加え合わせたものかもしれないとの説を唱えている。団によればがんもまた正常な細胞とは染色体数を異にする異数体になっており、一倍体の性質をあわせもっているに違いないという。

一倍体の細胞（系列）は不死なのに二倍体の細胞（系列）はなぜ死ぬのか。そのメカニズムはまだはっきりとはわかっていないが、私見によれば、一倍体の生物は偶発的な事故や飢餓以外のやり方で死ぬ能力をまだ獲得していないのである。別言すれば、死は進化の過程で生物が獲得した能力なのだ。細胞が死の能力を獲得したがゆえに、多細胞生物は複雑な形態や機能を獲得したと言える。

死すべき運命にある細胞と不死化した細胞とを融合すると、多くの場合融合細胞は死すべき運命になる。死すべき細胞では、細胞の分裂回数の限度を決めている遺伝子があるらしい。ヒトではこの遺伝子は第1染色体、第6染色体、第7染色体のそれぞれ長腕に存在するらしい。

この文脈からは、原核生物や一倍体の真核生物では、これらの遺伝子が（あるいはこれらの遺伝子が発現するメカニズムが）まだ存在しておらず、不死化した多細胞生物の細胞ではこれらの遺伝子が欠落したと解することができる。これらの遺伝子はテロメラーゼ（第20章参照）の活性を阻害する機能をもつと想定されているが詳しいことはわかっていない。もし、この話が本当であるとすれば、二倍体の生物が減数分裂により一倍体になれば、この遺伝子の機能はさしあたって停止するわけで、そのメカニズムは全くの謎《なぞ》である。

死すべき細胞系列は有限の分裂回数をもっており、これをヘイフリック限界と呼ぶ。いくつかの動物の胎児の細胞を培養して調べてみると、ヒトでは約50回、ウサギでは約20回、マウスでは約10回、ガラパゴスゾウガメでは100回を超えるという。それに伴い最大寿命はヒト120年、ウサギ10年、マウス3年、ガラパゴスゾウガメ200年である。

ヘイフリック限界を物理的に決めているのは染色体の末端にあるテロメアである。テロメアについてはすでに述べた（第13章および第20章）。正常な体細胞では細胞分裂のたびに少しずつ短くなり、テロメアがなくなったところで、細胞系列の寿命が尽きる。がん細胞のような不死化した細胞ではテロメラーゼが働いてテロメアを修復する。生殖細胞もまた不死の細胞であり、テロメラーゼが活性化している。

個体とは生きているムダである

二倍体生物は、生殖細胞に減数分裂およびそれに続く合体という形式で、不死化を担保させることにより、体細胞のほうは死のうが生きようがどうでもよくなった生物といってよい。そういう文脈からすれば、多細胞生物の個体とは生きているムダである。もう少しおだやかに言えば、生きている余剰である。もともと余剰なのだから、どんな妙チクリンな形をしていてもかまわないわけだ。多細胞生物の多様性の究極の根拠はここにある。そして、この多様性を発現させるメカニズムのひとつに死の能力がある。もっと具体的に言えばアポトーシスである。

アポトーシスとは細胞の遺伝的なプログラム死である。ヒトの指は指間の水かきに当たる細胞がアポトーシスで死ぬことにより形づくられることはよく知られている。C・エレガンスと呼ばれる線虫の雌雄同体型は受精卵が分裂して生ずる1090個の細胞の131個がアポトーシスで死ぬ。それによって正常な形ができあがる。アポトーシスはまた複雑なシステムが不調にならないための安全弁としても機能する。たとえば、免疫系において自己抗原と反応するT細胞はアポトーシスにより殺されるし

（第10章「免疫とは何か」参照）、がん化した細胞も通常はアポトーシスで殺される（第18章「がんの生物学」参照）。そして同じアポトーシスが最終的には個体を殺す。我々は複雑なシステムとしての個体の存在とひきかえに「不可避の死」をも手に入れたのだ。

細胞はアポトーシス以外でも死ぬが、それはいわば事故死である。これはネクローシスと呼ばれる。ネクローシスでは細胞が膨張し、融解して死ぬが、アポトーシスでは細胞が凝縮し、分断されてただちに周りの細胞に吸収されて死ぬ。形態形成に関与するアポトーシスと違って、十分に分化して機能している細胞が遺伝子の損傷などでアポトーシス死すると代わりの細胞を作らなければならない。ヘイフリック限界により、分裂回数の上限が決められているならば、アポトーシスがなるべく起こらないほうが個体の寿命は長くなると思われる。もっと一般的に言えば、細胞分裂の周期が長くなれば、寿命はそれだけ長くなると考えられる。実際C・エレガンスのclk－1遺伝子に突然変異が起こると、寿命が正常のものに比べて1・5倍ほど長くなるが、この変異体は細胞分裂の速度が遅くなっていることがわかっている。C・エレガンスでは他にage－1やdaf－2遺伝子に突然変異が起こると寿命が長くなるが、これらは永久幼生と呼ばれるものになり、発生の遅延を起こす。

無《む》脊椎《せきつい》動物では代謝速度が遅くなれば寿命は延びる。極端なことを言えば、代謝をゼロにすれば無限に生きる。たとえば、[注2]クマムシは乾燥すると仮死状態になるが、この状態のクマムシは代謝をしていないと言われている。博物館に１２０年間保存されていたクマムシの乾燥標本が水を一滴たらされただけで生き返ったという記録がある。真空状態の中で酸化しないように保存しておけば悠久の時を経ても生き返るかもしれない。

高等動物でも老化速度と代謝速度は相関することが知られており、一般に体が小さくて代謝が活発な動物ほど寿命が短い。しかし例外もあり、有袋類《ゆうたいるい》は平均的相関を示す式から予想されるより寿命がはるかに短く、コウモリやヒトははるかに長い。体細胞はどんなものでも最終的には遺伝的にプログラムされた死によって消滅するが、死を早めるのはＤＮＡをはじめとする細胞内の高分子の様々な損傷、すなわち老化である。老化の原因となる要因で最も重要なのは[注3]活性酸素だと考えられている。

活性酸素は代謝（酸素呼吸）の副産物として不可避に生ずるから、老化の原因は生きることそれ自体である。一番体に悪いのは長生きすることだというパラドクスは冗談ではないのだ。

ヒトでは残念ながらＣ・エレガンスと違い長生きする変異体は知られていない（信

頼できる最も長生きの記録は南フランスの女性カルマンの122歳である）。逆に短命になる変異体はたくさん知られている。何種類もの早老症、[注4]ダウン症あるいは若年性の[注5]アルツハイマー病など。これらの疾患では臓器の一部が正常のものより早く老化する。早老症の一種、[注6]ウェルナー症候群は単一の遺伝子の欠損により生ずる劣性の遺伝病で、この遺伝子はＤＮＡヘリカーゼＱをコードする。これはＤＮＡの複製、修復、組み換えに関与する酵素である。この病気の患者はがんや白内障やその他種々の病気にかかりやすくなるが、高血圧症や痴呆症《ちほうしよう》などに特にかかりやすいということはない。全身にわたる機能の衰えを老化と呼ぶならば、早老症は老化というよりもやはり病気であろう。ウェルナー症候群の患者の皮膚の細胞のヘイフリック限界は正常のものに比べ低いことが知られている。

ヘイフリック限界とともに生物個体の寿命を決めているのは完全に分化してもはや分裂しなくなった細胞の寿命である。神経細胞や心臓の細胞は分裂せず、これらの細胞の寿命が個体の最大寿命を決めている。そしてこれらの細胞を殺すのもまた遺伝的にプログラムされた死であると想定されている。残念ながらこれを免れる術はなさそうだ。若死にするのは簡単だけれども長生きするのは大変なのだ。

寿命は自然選択の産物ではない

それは子供を作った後の個体には個体を長生きさせるような選択圧がかからないこととも関係している。子供を作る前に個体を殺すような遺伝的変異は子孫に伝わらず、自然選択により除かれるが、子供を作ったはるか後で糖尿病になったりがんになったり痴呆になったりする遺伝的変異は自然選択により除かれることはない。

たとえば、子供の時に発症して15歳ぐらいまでしか生きられない[注7]ハッチンソン―ギルフォード症候群と大人になってから発症する[注8]ハンチントン病は、ともに１遺伝子の異常によって生ずる優性の遺伝病だが、前者は８００万人に１人、後者は１万５０００人に１人である。ヒトのように繁殖終了後も長く生きる生物の最大寿命は自然選択の産物ではあり得ないのである。

それでも長生きしたい人はどうすればよいかって。実験室のラットは欲しいだけ餌《えさ》を与えるよりも少なめに与えたほうが長生きするという確かな報告があるので、腹８分目にすればあるいは効果があるかもしれないね。もちろん保証は全くいたしません。

1. 脊椎動物の血中や、それらを吸血して媒介動物となる無脊椎動物に寄生する、鞭毛《べんもう》をもった原生動物。

2. 体長は0・5㎜〜1・7㎜ほどの緩歩動物門に属する生物。現在92属、750種あまりが知られている。

3. 原子状態の酸素、あるいは電子状態が不安定な酸素分子。細胞を直接的、間接的に傷つけるといわれている。

4. 染色体異常によって引き起こされる、先天的疾患のひとつ。心臓病や精神遅滞を伴うことが多い。

5. 一般的には中高年以上で発症し、徐々に進行する痴呆の一種。脳の広い範囲に萎縮《いしゅく》が確認されているが、詳しい原因は不明。

6. 20代の若さで白髪、皮膚のしわ、しゃがれ声などの老化の特徴が現れる遺伝病。

7. 早期老化症または、プロジェリアともいう。低身長、禿頭《とくとう》、骨形成不全などの老人様変化が特徴。

8. 顔面・体幹四肢の舞踏運動、神経障害、知能障害などの症状が出る。発症すれば数年で死亡。

summary　第22章のまとめ

【寿命と進化】

2nの染色体数をもつ二倍体の体細胞からなる多細胞生物の個体は死を免れない。一方、アメーバのような決して二倍体になることのない一倍体の原生生物やバクテリア（原核生物）の個体すなわち細胞は、無限に分裂する能力を有しており、原則として死すべき運命にはない。

多細胞生物のすべての個体が死ぬことができるのは、生命の連続性を生殖細胞系列にまかせることができたからである。この意味で、体細胞と生殖細胞の区別が生じ、それに伴い有性生殖が生じたことと、体細胞が死すべき運命になったことは起源を同じくする。

体細胞が自発的に死ぬ能力を獲得したことにより、多細胞生物の個体は複雑な形態とシステムを開発することができた。この能力はアポトーシスと呼ばれる。アポトーシスは遺伝的なプログラム死のことである。アポトーシスは不必要な細胞を計画的に殺して形態形成を遂行するとともに、がん細胞や自己と反応するT細胞を殺してシステムを維持する。

しかし、この能力は個体の死を不可避にもたらすものでもある。多細胞生物の個体はどうしても免れない寿命をもつ。分裂する体細胞はヘイフリック限界と呼ばれる分裂回数までくるとそれ以上分裂できずに死んでしまう。染色体の末端にはテロメアと呼ばれる構造があり、分裂のたびに少しずつ短くなり、テロメアがなくなったところで、アポトーシスにより死ぬらしい。ヘイフリック限界は種によってほぼ一定しており、寿命の長い種では高く、寿命の短い種では低い。

もはや分裂できなくなり完全分化した神経細胞や心臓の細胞は固有の寿命をもち、最後はやはりプログラムされた死を免れない。すべての細胞は、代謝の結果不可避的に生ずる活性酸素により徐々に損傷していき、損傷が閾値《いきち》を超えたところで、アポトーシスのスイッチが入ると考えられる。老化と寿命は酸素呼吸をする多細胞生物個体の宿命なのであろう。

第23章

中学校理科教科書を読む

自然は分野別に区切られていない

本書も20章を超えたので、本章ではちょっと趣向を変えて中学校の教科書に挑んでみた。

中学校の理科で生物の分野を取り扱っているのは2分野である。2分野・上では「植物の形態、生理、分類」と「動物の形態、生理、分類」についての記述がある。2分野・下では「細胞、生殖、遺伝、進化、生態」についての記述があり、最後に「環境問題」に関する項がある。参照した教科書は教育出版、大日本図書、東京書籍でそれぞれ上下2冊ずつ計6冊である。

全体的な印象としては、取り扱っている個々の題材そのものについては、かなり詳しく書いてあるが、それらの間の有機的な関連についての配慮がほとんどなされていないため、これでは体系的な理解はおぼつかないなあ、というものであった。教科書に沿いながら以下に気づいたことなどを述べてみよう。

三つの2分野・上の教科書の冒頭で、まず「身近な生物の観察」あるいはそれに類した項がある。校庭や学校周辺にはどんな生物がいるのかという課題がでているが、この課題をまともに指導できる教師はほとんどいないのではないだろうか。生徒が学校の周りで適当に採集してきた植物やら昆虫やらの名前を大体でもいいから同定できる教師はおそらくいまや貴重であろう。補助的にコンピュータを使うやり方が大日本図書の教科書に載っているが、理科の教師になるために博物学的知識が必要とされない現状では、コンピュータ検索を使いこなすのも大変だろう。

次いで花のつくりを調べる項がある。ルーペや顕微鏡を使って生物の微細構造を見るのは、初めての人にとっては新鮮な驚きであるが、すでにたくさんの情報があふれている世界で、理科の授業中にこういう感動を生徒に与えるのは至難かもしれない。教科書にきれいな顕微鏡の写真が載っているのもよしあしである。

花のつくりの後は花の働きである。花は植物の生殖器官であることが理解できなければ、生物学的には花について理解できたことにならないが、有性生殖については2分野・下で扱うことになっているためか、このあたりの教科書の記述は隔靴《かっか》掻痒《そうよう》の感を免れない。植物が種子を作ることと動物が子を作ることとの共通点をわからせるような記述が是非欲しいものである。唯一《ゆいいつ》、大日本図書には次のような記述がある。

種子植物は種子によってなかまをふやし、子孫を残していく（大日本図書・中学校理科　2分野・上）

これだけの記述では、種子と動物の子のどこが同じなのかを理解するのは難しい。受粉して種子ができるしくみについてはかなり詳しく述べてあるのだから、動物の有性生殖との関連についても少しは触れた方がよい。教える分野をこま切れにして、それ以外の分野は教えてはいけないことになっているのかもしれないが、分野というのは人間が勝手に区切ったものだ。自然はもともと分野別に区切られているわけではない。

分野別に区切って教えた方が理解しやすいというのは、だからおそらく錯覚なのだ。メインの題材を教えながら関連する分野の話をしたほうが、総合的な理解は得やすいはずだ。

科学リテラシーの向上を阻害する

根や茎のつくりと働きについてはどの教科書の記述も大変立派である。根や茎の働きは単純なので記述がしやすいのであろう。問題は葉の働き、つまり光合成である。光合成の本質は光エネルギーを化学エネルギー（有機化合物）に変換することである。しかし、教科書にはそのことは明示的には書いてない。

植物は、緑色をした葉に日光を受けて、デンプンなどの養分をつくる。植物が行うこのようなはたらきを光合成という。植物は、光合成によってつくった養分をもとに成長し、生きていくことができる（東京書籍・新しい科学　2分野・上）

他の2つの教科書の記述も似たようなものである。間違った記述というわけではないがどうもしっくりこない。光合成を初めて習う中学1年生にはエネルギーというコトバを使ってはいけないことになっているのかもしれないが、太陽からの光エネルギーが地球上のすべての生物の生命エネルギーの源であるのは事実なのだから、そのことはきちんと書いたほうがよいと思う。エネルギーというコトバは半ば日常語でもあるのだから、この語を使ったからといって理解困難になることはないだろう。

植物は主に葉で根から吸収した水と空気中の二酸化炭素をもとに、太陽の光のエネルギーを使って、葉緑体の中でデンプンなどをつくる。できた物質は水に溶けやすい糖となり、師管を通ってからだをつくるのに使われたり、根や茎、種子などからだのいろいろな部分にたくわえられたりする（大日本図書・中学校理科 2分野・上）

これは「根・茎・葉のつながり」と題して書かれた「植物のからだのつくりとはたらき」の項の最後の文章で、この項に関する3つの教科書中、唯一、エネルギーという語が使われている所であるが、何となくおそるおそる使っている感じがする。科学的事実をわかりやすく書くことができない教科書というのは、何とけったいな書物なのだろう。光合成の本質は、光エネルギーを食物（有機物）という名のエネルギーに変換することであり、いかにそれをわかりやすく説明するかが教科書の使命であろう。

中学校の理科の教科書を読んでいると、検定教科書こそが、国民の科学リテラシーの向上を阻害する要因のひとつだとつくづく思う。

植物園や動物園、水族館の活用を

光合成の次に教科書に載っているのは、植物の分類である。どんな生物がどこにいるのか、は近頃流行の生物多様性の基礎であるが、大半は都市に住んでいる生徒に生物の名前を覚えさせるのは難しい。特別に興味がある生徒でなければ、ほんの少しの授業数では現物と名前が対応するといった形での知識は望むべくもない。花の咲く植物、花の咲かない植物といった紙の上だけの知識以上のことを教えるのは難しいであろう。

ところで、花の咲かない植物の大半は胞子で増える、とあるが、種子と胞子の違いは教科書には書いてないので、生徒に質問されると不勉強な先生は困るかもしれない。

2分野・上の後半は動物の形態と生理と分類の話題である。最初に食物のとり方とからだのつくりの関係について書いてある。大日本図書と東京書籍の本では、シマウマとヒョウ（ライオン）の目のつき方の違いを例に挙げ、3つの教科書のすべてで草食動物と肉食動物の歯の違いを例に挙げ、生活パターンによる適応形態の違いについて述べてある。肉食動物や人間のように、目が顔の前についている動物は、左右の目からの情報が半交叉《こうさ》して、左右の脳に半分ずつ入り、立体視ができるようになっているのに対し、草食動物は目からの情報が全交叉して、立体視を犠牲にしたわけだ。前者は立体視のために視野を犠牲にし、後者は広い視野のために立体視を犠牲にしたわけだ。教科書にはそこまで書いてないが、教師はそのぐらいの知識を持ってないと面白い授業はできない。ともあれ、形態と生活の関係を生徒に考えさせるこの種の教材は好感がもてる。

大日本図書の教科書に、「草食動物はなぜ植物だけを食べて生きていけるのか」と題する参考資料が載っているが、これもなかなかよい記事だ。ヒツジやウシは胃の中に微生物を飼っていて、草は実は微生物のエサなのだ。自分では草からたんぱく質を合成できないこれらの動物は、微生物にたんぱく質を作らせて、最終的には微生物を食べているわけである。おなかの中に牧場をもっているこれらの動物を、さらに牧場で飼っているのはもちろん人間である。

動物の形態と生理に関する題材は、ほとんどすべてヒトに関するもので、その意味では生徒がおのずと興味を引かれる話題であると言える。食物の消化と吸収、呼吸、血液循環、排出、刺激と反応がこの項のテーマであり、3つの教科書ともわかりやすく書いてある。光合成の項ではエネルギーという語を避けていたように見えたが、呼吸の項では3つの教科書ともエネルギーの語を使っている。

消化、吸収されたブドウ糖などの有機物は、全身の細胞に運ばれ、酸素を使って分解され、二酸化炭素と水になる。この反応によって、生物が運動したり、生きていくためのはたらきに必要なエネルギーが生み出される（大日本図書・中学校理科　2分野・上）

わかりやすい記述である。ここまで書いたのだから、呼吸が光合成の逆反応であることも書いたほうがよい。そのことを理解しないと、生物間の相互関係はもとより、生態系や環境問題についての正しい理解も得られない。動物の生理については大体はよく書けているが、脳のはたらきについての記述は問題である。

大脳では、刺激に対してどのように反応するかを判断し、命令を出す（教育出版・中学理科　2分野・上）

他の教科書にもこれ以上のことは書いてないが、中学生ともなれば自我が十分に発達しているのであるから、自我が大脳の機能であることは教えたほうがよい。現代科学はまだ脳の機能としての自我を十分には解明していないが、何がわかっていないかを教えることも少しは必要であろう。

動物の分類の項では、脊椎《せきつい》動物と無脊椎動物のそれぞれを簡単に解説している。植物の分類の所でも記したように、教科書と授業だけで生物の多様性を理解させるのは難しい。植物園や動物園、水族館を積極的に活用することを考えたらどうだろうか。

病気と遺伝の関係も教えるべき

次いで2分野・下を見てみよう。

まず細胞である。細胞膜と細胞質と核（植物細胞ではそれに加えて葉緑体と液胞）しか教えてはいけないことになっているらしく、どの教科書にもそれしか書いてない。中学校のレベルでは細胞内小器官は教える必要はないというならばそれでもよいが、細胞を教えるからには、細胞こそが生命の最も重要な単位であることを教えてもらわなければ困る。すべての多細胞生物は単一の受精卵から発生して成体になるのだ。ということは1つの細胞の中にすべての生命情報が封緘《ふうかん》されているわけだ。細胞は多細胞生物の単なる部品ではないのである。教科書では、生物の体をつくる細胞といったコンセプトの下で話が進められているが、これは、物質は原子でできているといった話とはレベルが違うのである。１つの細胞は自律的に生物を作るが、１つの原子が自律的に物質を作ることはない。

細胞が分裂して増えることを記述している所で、染色体という語が初めて出てくる。

細胞分裂は、核の中に染色体が現われることから始まる。次に、それぞれの染色体は縦に二つに割れ、細胞の両端に分かれていく。やがて、染色体は消えて、二つの核が現われ、細胞質も二つに分かれる。こうしてできた二つの細胞は、成長して大きくなっていく（教育出版・中学理科　2分野・下）

細胞分裂に際しての染色体の挙動は詳しく述べてあるのだが、不思議なことに染色体の機能については全く触れていない。このあとすぐに、有性生殖と遺伝の項が続くのだが、染色体が何ものかということは、教科書には全く載っていないのだ。遺伝子が染色体に存在することも教科書には書いてない。染色体について教えるのであれば、その役割についても少しは触れなければ、教える意味はほとんどない。

細胞分裂の説明の後に、有性生殖と無性生殖の話がでてくる。ここで初めて、動物と植物の有性生殖の共通点が述べられる。

卵や精子などが合体して、新しい個体を生じる生殖の方法を有性生殖という（教育出版・中学理科　2分野・下）

有性生殖と無性生殖の本当の違いは、減数分裂を理解しないとわからない。せっかく染色体の挙動についてかなり詳しく記述したのだから、減数分裂について触れない法はない。減数分裂というコトバが難しいのであれば、このコトバを使う必要はない。染色体の半分は卵に入っていて、残りの半分は精子に入っていて合体して倍の数になること。および、卵や精子を作る時は、半分に減ることを教えさえすればよい。

減数分裂が理解できないと、メンデルの遺伝の法則もしっくりと理解できるというわけにはいかないのだ。メンデルの遺伝の法則については実に詳しく述べてある。減数分裂についても実質的に触れてあるが、染色体や有性生殖との関連をわかりやすく書かないと総合的な理解はおぼつかないだろう。

遺伝の項ではヒトの遺伝についても述べるべきだ。現在ではがんも糖尿病もアルツハイマー症もある程度遺伝することがわかっているのだから、国民の健康リテラシーを高める上でも、病気と遺伝の関係を教えるべきだ。

環境問題は人口問題にほかならぬ

進化と生態についてはおおむね首肯できる記述が多い。植物は太陽からの光エネルギーを使って、無機物から有機物を合成する働きをもつこともきちんと書いてある。ただし、生態系における物質循環を扱っている所では、エネルギーの流れが書いてないが、これも載せたほうがよい。太陽から生態系に入ったエネルギーは最終的には熱エネルギーとなって地球の外へ放出されるのである。

2分野・下の最後に「地球と人間」という項があり、環境問題を扱っている。どの教科書も大変よく書けているので感心した。教育出版や東京書籍の教科書ではこの項だけ、他の項目とは別立ての扱いになっているので、この項は必修ではなくておまけなのかもしれない。

不満が1つだけある。それは環境問題の根源は人口問題にあることをもっと強く書くべきだということだ。どんな優秀な技術もシステムも、加速度的に増大していく人口問題を解決しない限り、地球環境の悪化に対しては焼け石に水なのである。少子化に悩んでいるらしい日本では、自国の人口は減らさずに世界の人口を減らしたいと思っているのかもしれないが、すべての国がそういったタイプの国家エゴを押し通せば、カタストロフィーは不可避である。

環境問題というのはミクロ合理性やローカル合理性を追求した結果、マクロ合理性が破綻《はたん》するという話だから、その意味でも人口問題は環境問題の縮図なのである。

第24章

小学校理科教科書を読む

前章の中学理科に続いて本章では小学理科に挑戦してみた。小学校の理科の教科書に何が書いてあるかを知っている人は、読者諸賢の中にもほとんどいないだろうから、内容の紹介をかねて感想を述べてみよう。参照した教科書は4年、5年、6年のもので、出版社は4社（啓林館、東京書籍、教育出版、大日本図書）。学年別の教科書はそれぞれ上・下に分かれているので、全部で24冊であった。

4年の理科の生物分野は大きく分けて2つあり、ひとつは四季の生物たちとそれらの変化に関するもの、ひとつはヒトや他の生物の1日の生活に関するものである。前者は生物の年周期、後者は日周期を扱ったものと解することができる。生物の基本的な特徴に代謝と循環があることは前にも述べたが（第13章）、生物の活動周期もまた広義には循環の現れであるから、生物とは何かを直観的に理解させるのに、生物の周期的活動を観察させるのはとてもよい。

年周期に関してはすべての教科書で、春夏秋冬の四季それぞれについて、章をあらためて記述してあり、4年理科の3分の1強はこれに関する話題である。

あたたかくなって、草木のめがのび、いろいろな花がさきはじめている。植物や動物が季節によってどのようにかわっていくか、1年間調べていこう（大日本図書・たのしい理科　4上）

身の回りの動植物の季節変化を1年かけて調べていくのはもちろん悪いことではないのだが、生物そのものに興味がわかなければ観察を強要されても、生徒たちはあまり楽しくないかもしれない。生物の好きな子は、自分で採ったり、飼ったり、育てたりするのが好きなのであって、観察はその結果であるに過ぎない。

東京書籍の教科書には、「花や葉や虫などは、とらないで、生きているようすをそのまま観察しよう」と書いてあるが、教科書にこういうことを書くのは罪悪である。教科書の記述を真に受けた生徒は、虫や花を採っている生徒のことを悪い奴《やつ》だと思うかもしれないではないか。植物も昆虫もちゃんと調べようと思ったら採集して標本にすることが是非必要である。採ったり標本にしたりするのが嫌いな子には無理にさせる必要はないけれど、好きな子には好きなだけさせたほうがよいのである。ダーウィンをはじめとして、名をなした自然科学者の中には、昆虫少年だった人は驚くほど多いのだ。

生物多様性の重要性が叫ばれて久しいが、大人も子供も身近な生物の名前を知らない人が多すぎる。採らなくとも観察するだけで名前は覚えると言う人もいるかもしれないが、それは大人の理屈である。4年生ぐらいの子供とくに男の子の半数近くは、本能的に虫採りが好きなのではないかと思う。それを禁止しておいて理科を好きにさせようというのは土台無理なのではないかと私は思う。

多様性を感覚的に理解させるべき

話がだいぶ横道にそれたので本題に戻ろう。4年のすべての教科書には金太郎飴《あめ》のように、ヘチマを植えてその成長を観察する話がでている。春、夏、秋とヘチマが育って花が咲いて実ができるまでの様子を観察させようというわけなのだろう。観察例には天候と温度とヘチマのくきの伸び率の関係が載っているので、温度が高くて晴れた日にはヘチマがよく育つことを理解させたいのだろう、ということがわかる。それは観察記録の標準例としては文句のつけようがないものだけれども、生徒たちの中には標準例とは全く異なる観察記録を書く子もいるかもしれない。たとえば、ヘチマのまきひげの本数の増え方とか、ヘチマの個体差とかについてリポートを書く子もいるだろう。教科書には載っていない所に目をつけたリポートを書く子をほめてあげることはとても大切なことだ。

四季の生物の例としてすべての教科書で取り上げられているのは、植物ではサクラ、イチョウ、ススキなど、動物ではモンシロチョウ、ナナホシテントウ、オオカマキリ、アゲハ（キアゲハ）、ツバメ、エンマコオロギなどであった。子供たちの一番身近な虫採りの対象であるセミやカブトムシやクワガタムシを取り上げている教科書は少ない。

夏休みの自由研究の例として「セミのなく時こくと天気しらべ」と題するリポート例が東京書籍の教科書に出ているが、セミという種はいないのだからこれはちょっとひどいと思う。ミンミンゼミ、アブラゼミ、ツクツクボウシ、ヒグラシ、ニイニイゼミ、クマゼミといった普通に見られるセミたちは、鳴き声ですぐにわかるのだから、種名を特定しないで、鳴く時刻と天気を調べても意味はない。

小学4年レベルでは数値化されてこぢんまりとまとまったリポートを書くことはそれほど重要ではない。それよりも、身の回りには先生も全部の名前はとても調べきれない驚くほど多くの生物種がいて、それぞれにさまざまな生活をして生きているのだということを感覚的に理解させることのほうがずっと大事であろう。そのためには、花をむしったり、虫を採ったりする体験はとても大事なものだ。子供が採るぐらいで数が減るような生物種はいない。

わたしたちは、1日の生活の中でどのような活動をしているでしょうか。ほかの生き物とくらべながら調べてみましょう（教育出版・理科4上）

生物の日周期については、こういったコンセプトのもとで、生物の1日の生活リズムについて考えさせようとしている。自分の1日の活動を記録したり、他の生物の1日の活動を観察したりして、日周期を理解させようというわけだろう。動物は寝ているときと起きているときが比較的はっきりしていて日周期は理解しやすいが、植物は見てくれがあまり違わないのでどう理解させるかは大変だ。どの教科書でも、スイレンやマツバギクの花のように昼は開いて夜は閉じるものや、メマツヨイグサの花のように夜開いて昼閉じるものを教材に使って、植物の日周期を視覚的に理解させようとの苦心の跡がうかがえる。

ヒトの体について、運動と体温と脈搏《みゃくはく》の関係を理解させようとの話題もすべての教科書に載っている。自分の体はすべての人が興味をもつ最もよい教材なのだから、それ以外のことについてもさまざまな観察記録を書かせるとよいのではないかと思う。たとえば、満腹度とねむけの関係とか、運動と筋肉痛の関係とか、爪《つめ》は毎日どのくらい伸びるかなどを調べさせれば、理科の授業は楽しくなるだろう。

画一化もここまでくれば、ご立派

次に5年の理科に移ろう。ここでは、植物の発芽と成長、および動植物の生命の連続性の話題が取り上げられている。

植物は、どうして肥料がなくても発芽や成長をするのだろうか（教育出版・理科　5上）

植物が成長を続けていくには、何が必要なのだろうか（教育出版・理科　5上）

植物の発芽と成長を調べるための教材は4社の教科書ともすべてインゲンマメであった。インゲンマメのたねのふた葉になる所にはでんぷんが含まれていて、発芽後しばらくしてふた葉がしおれると、そこにはもうでんぷんがなくなっており、発芽のための栄養分はたねに含まれるでんぷんであることを理解させる実験が載っている。トウモロコシなどの他のたねとの比較が載っている教科書もあり、植物のたねには発芽のための栄養分が含まれているという一般的な事実を理解させようとの配慮がうかがえる。

ただし、マメではでんぷんは子葉にたくわえられているが、トウモロコシでは胚乳《はいにゅう》にたくわえられている。5年生ではそこまでの知識は必要ないと思うが、先生はそのぐらいの知識は持っておいたほうがよいだろう。

次に、発芽した後の植物の成長には水と日光と肥料が必要なことを示す実験が載っている。生徒によっては、光の強さや肥料の量の組み合わせによって、成長に違いがあるかどうかに興味をもつ子が出てくるかもしれない。そういった子に適切な指示を与えられるような先生がたくさんいてほしいと思うが、先生は教科以外のことで忙しすぎて余裕がないのかもしれないね。

生命の連続性の話題に移ろう。メダカ（ヒメダカ）の産卵の様子と卵の発生の観察実験がすべての教科書に載っている。メダカを飼育して卵を産ませよう、とすべての教科書に書いてあるところをみると、日本国中の小学5年の教室ではすべてメダカを飼っているのかもしれない。画一化もここまでくれば立派なものである。

メダカの飼い方はともかく、メダカの発生をはじめて使う顕微鏡で観察するのは小学5年生にはちょっと重荷であろう。卵の中は何やら混沌《こんとん》としていて、途中で大きな目がふたつ出現した以外のことはよくわからないと思う。発生というのは形がない所からアレヨアレヨという間に形ができてくる不思議な現象だということがわかれば、この段階ではよいのであろう。顕微鏡を使って、魚のエサとなるような水中の小さな生物を観察しようとの項があるが、これは是非やる価値のある観察である。自分の目ではじめて奇妙な形をした微生物を見る感激は他には代えがたい体験である。

生命の連続性の話としては他に、植物の受粉と動物やヒトの誕生の話題がすべての教科書にでている。特にヒトの妊娠についてはかなり詳しく扱っており、性教育の役割も兼ねているのかなとも思う。東京書籍の教科書に、「めすの卵とおすの精子が結びつく（受精という）と生命がたんじょうして、受精卵が成長を始める」と述べてあるのは明らかに間違いである。生命は元々連続しているのであって、受精の瞬間に誕生するわけではない。

たまごで生まれる動物のたんじょうまでのようすと、親と似た形で生まれる動物の

たんじょうまでのようすを、本やビデオでくらべる（大日本図書・たのしい理科5下）

胎生と卵生の違いを理解させるのがねらいだということはよくわかったのだが、本やビデオでしか知ることができないと決めてかかっているのはちょっとなさけない気もする。もっとも都会の子供たちは、動物が妊娠して出産するのを見る機会はほとんどないであろうから、ある程度はやむを得ないか。

「物質の循環」は教えておきたい

最後は6年の理科である。6年の理科の生物分野は、植物の体の構造と機能、動物の体の構造と機能、環境問題の3つに大別され、古生物の話題がおまけについている。まず、おまけから。

化石は、大昔の生物の体や生活のあとが残ったものであり、貝や魚の化石が見つかる地層は、水の中でできたことがわかる。

また、きょうりゅうなどの化石からは、今では、ほろんでしまった生物が、大昔に住んでいたことがわかる（啓林館・新版理科　6上）

古生物については、どの教科書もこの程度の記述で、アンモナイトや恐竜の化石が図示されているにすぎない。しかし、小学6年くらいの児童の中には恐竜に強い興味を示す子も少なくないであろうから、図書館には恐竜関係の本をたくさんそろえておいてほしいものだ。

植物の体の構造と機能に関しては、養分を作る葉とたくわえる根や実、水や養分の通路についての解説が述べてある。光合成についての解説（光合成という語は使われていない）では、二酸化炭素が必要なことは述べてないが、環境問題を扱う段になって、植物は二酸化炭素を取り入れて酸素を出すといきなり書いてあるので少し面食らう。半面、水や養分の通路についての記述はとても詳しく、大人でもこれだけ知っている人がどれだけいるか。小学校で習っても大人になるまでに忘れてしまうのだろう。

動物の体の構造と機能に関しては、消化吸収、呼吸および血液循環について解説してある。呼吸の項では吸い込んだ空気には酸素が多く、吐き出した息には二酸化炭素が多いことが詳しく述べてあり、実験的に調べる方法も書いてある。それと関連して、血液は肺で酸素を供給されて、血液循環により全身に酸素を運ぶことも詳しく述べられている。動物で酸素と二酸化炭素の出入りをこれだけ詳しく述べてあるのだから、植物の光合成においても少しは触れたほうがよいように思う。

消化吸収についてもかなり詳しく述べてある。

食べ物を吸収しやすい物に変えるはたらきを消化といいます。口から入った食べ物は、だ液や胃液などの消化液によって、消化されます。

食べ物が消化されてできた養分や水は、おもに小腸で血液中に吸収されて、やがて、体じゅうに運ばれます。——中略——

小腸で吸収されずに残ったものは、大腸を通り、こう門からふんとして出されます

（教育出版・理科　6上）

栄養素や消化酵素についての記述はないとはいえ、小学校の知識としてはこれで十分であろう。動物の体というのは最も身近にいえば、自分の体であるから、さらに詳しく知りたがる生徒がいるかもしれない。先生たるもの、生徒の質問に全部答えられる必要はないが、少なくとも調べる方法ぐらいは教えられる素養を身につけておいて

ほしい。

小学校の理科の掉尾を飾るのは環境問題である。ここでのテーマは3つあり、ひとつは酸素と二酸化炭素の出入りの話題、ひとつは水の循環の話題、ひとつは食物連鎖の話題である。

人は、生きていくうえで、空気・食べ物・水と、どうかかわっているのだろうか
（東京書籍・新しい理科　6下）

教科書の環境問題は基本的にはヒトが生きていくための必要十分条件について考えるという視点から書かれている。エネルギーの流れは無理としても、物質循環についてはもう少し強く書いたほうがよいと思う。生死を繰り返しながら物質を循環させることこそ地球共生系の本質なのであるから。

あとがき

本書は一九九九年から二〇〇〇年の二年間『サイアス』に二四回連載したエッセイをまとめたものである。連載の題は『教科書にない「生物学」――文部省検定の裏をよむ』であった。沢山の検定教科書を読んでみて、国が知識を統制すると、いかに書物がつまらなくなるかを身にしみて知った。

文科省の検定教科書というのは、記述に対して著者が責任を取るのか文科省が責任を取るのか、よくわからない本である。記述に対して誰が責任を取るのかわからない本が、面白いわけがない。〈検定制度〉とはつまる所、〈間違っていても誰も責任を取らない制度〉だということがよくわかった。

本書の間違いはすべて著者たる私の責任である。その一事をもってしても、本書がすべての文科省検定教科書よりすぐれていることは自明であろう。

なお、引用した教科書は、高校のものはすべて一九九八年度用、中学校のものは一九九九年度用、小学校のものは二〇〇〇年度用であることを付記しておく。

『サイアス』連載中にお世話になった、『サイアス』最後の編集長、柏原精一さん、単行本化に際してお骨折り頂いた、新潮社の葛岡晃さんのお二人に感謝の意を表したい。

二〇〇一年九月　池田清彦

この作品は平成十三年十月新潮社より刊行された。

新《あたら》しい生物学《せいぶつがく》の教科書《きようかしよ》

新潮文庫　い－75－1

平成十六年八月一日発行
平成二十四年十月二十五日八刷

著者　池《いけ》田《だ》清《きよ》彦《ひこ》

発行者　佐藤隆信
発行所　株式会社　新潮社
郵便番号　一六二―八七一一
東京都新宿区矢来町七一
電話　編集部(〇三)三二六六―五四四〇
読者係(〇三)三二六六―五一一一
http://www.shinchosha.co.jp
価格はカバーに表示してあります。
乱丁・落丁本は、ご面倒ですが小社読者係宛ご送付ください。送料小社負担にてお取替えいたします。

印刷・大日本印刷株式会社　製本・憲専堂製本株式会社

ISBN978-4-10-103521-5 C0145